Heilsteine für Anfänger:

Entdecken Sie die Kraft der Edelsteine. Anwendung und Wirkung verstehen. Inklusive detaillierter Übersicht der bekanntesten Heilsteine von A-Z.

Paula Menderez

Heilsteinen beziehungsweise Edelsteinen wird schon seit tausenden von Jahren eine besondere Wirkung nachgesagt. Die Wissenschaft kann die nachgesagten Wirkungen bislang weder nachweisen noch widerlegen, weshalb viele Menschen auf die Anwendung von Heilsteinen vertrauen. Deren Einsatz stellt natürlich keine wirkliche Therapiemethode bei der Behandlung von Krankheiten dar. Geht es jedoch um die Aktivierung der Selbstheilungskräfte, können Heilsteine durchaus eine wichtige Unterstützung sein.

Inhaltsverzeichnis

1. Was sind Heilsteine?

Schon altägyptische Kulturen wussten um die Wirkung von Heilsteinen. Hildegard von Bingen befasste sich im Mittelalter eingehend mit Heilsteinen und auch heute zeigen Erfahrungen immer wieder, dass die Edelsteine eine besondere Wirkung auf den menschlichen Organismus haben.

Per Definition handelt es sich bei Heilsteinen um Gesteine, Mineralien sowie Fossilien, denen eine Wirkung auf Körper, Geist und Seele nachgesagt wird. Sie sollen im Rahmen der Edelsteintherapie (Lithotherapie) das allgemeine Wohlbefinden verbessern, die Selbstheilungskräfte stärken und sogar Krankheiten heilen können.

Immer wieder zeigen Erfahrungen, dass Heilsteine durchaus wirksam sein können. Jedoch konnten bislang keine heilenden Kräfte durch wissenschaftliche Untersuchungen nachgewiesen werden.

2. Heilsteine in der Geschichte der Menschheit

In der Geschichte der Menschheit sind Heilsteine schon seit Jahrtausenden bekannt. Neben den alten Ägyptern und der Äbtissin Hildegard von Bingen nutzten auch antike europäische sowie indianische und viele andere Kulturen Heilsteine.

In der Steinheilkunde werden bestimmten Steinen seit jeher Fähigkeiten zur Heilung verschiedener Krankheiten zugeschrieben. Dabei geht die Heilsteinlehre davon aus, dass jedes Objekt – ganz gleich ob Mensch, Tier oder Pflanze – eine bestimmte Energie verströmt. Diese lässt sich mittels elektromagnetischer Strahlung nachweisen, die von dem jeweiligen Objekt ausgeht. Auch Steine verfügen über eine solche Energie.

Jedes dieser Objekte verfügt über die Fähigkeit, Energie (z. B. in Form von Nahrung, Licht, Wärme) aufzunehmen. Lebende Objekte filtern die Energie, während leblose Objekte dies nicht tun. Steine nehmen alle Energie ungefiltert auf, sie wachsen von Innen nach Außen. Sie stellen damit ein Abbild der Energie dar, die auf sie gewirkt hat. Die Heilsteinlehre nutzt diese Tatsache schon immer als Vorteil, denn die zugeführte Energie wird im Stein konserviert und ist mitunter mehrere Milliarden Jahre alt.

3. Heilsteine und ihre Wirkung

Um die Wirkung der Heilsteine zu verstehen, muss man wissen, was Energie ist.

Energie – das sind beispielsweise Licht und Wärme. Es kommt zu einer bestimmten Abfolge elektromagnetischer Wellen. So kann Licht gesehen werden, Radiofrequenzen werden gehört. Energie umfasst aber noch zahlreiche weitere Bereiche, die für den Menschen nicht wahrnehmbar sind (z. B. UV-Licht, Radioaktivität). Dennoch erhalten wir regelmäßig Informationen von diesen Energieformen aufgrund bestimmter Frequenzen oder Schwingungen.

Steine können ebenfalls bestimmte Frequenzen senken und somit Informationen an uns übermitteln. In jedem Stein sind einzigartige Informationen enthalten, welche auf uns wirken. Jedes Objekt ist für Energie empfänglich, bei Heilsteinen handelt es sich um so genannte kosmische Energie (Lebensenergie).

Es hat jedoch nicht jeder Stein auch eine heilende Wirkung auf den Menschen. Bei Heilsteinen handelt es sich um Steine, die bereits seit Jahrhunderten oder gar Jahrtausenden eine besondere Wirkung auf den Menschen gezeigt haben. Warum dabei einige Steine Heilkräfte zu besitzen scheinen, andere aber nicht, ist bislang ungeklärt. In der Steinheilkunde wird die Wirkung der Heilsteine anhand von unterschiedlichen Merkmalen erklärt. Eine Rolle spielen dabei neben der Anwendung auf den einzelnen Chakren (Energiefeldern) des Menschen auch die Qualität, die Farbe, die Entstehung sowie die Mineralklasse und Kristallstruktur einzelner Steine.

Ganz gleich, ob Edel- oder Schmucksteine – Heilsteine wirken aufgrund ihrer Eigenschaften auf den Menschen. Wird die Energie, welche die Steine in sich haben, gezielt eingesetzt, zeigen sie eine besondere Wirkung.

3.1 Einfluss der Steinqualität auf die Heilwirkung

Steine werden in der heutigen Zeit aus den unterschiedlichsten Grünen einer bestimmten Behandlung unterzogen. Sie erfolgt in der Regel dann, wenn damit die Minderung der Qualität vermieden werden soll. So werden Trommelsteine bei der Bearbeitung beispielsweise geölt oder gewachst. Soll der Stein nur Dekorationszwecken dienen, dann muss er auch nicht echt sein. Imitate sind immerhin preiswerter, als echte Steine. Auch behandelte Steine sind in der Regel günstiger, allerdings entsprechen sie in ihrer Qualität nicht dem echten Vorbild.

Gerade beim Kauf von Heilsteinen sollte bedacht werden, dass behandelte Steine immer wieder im Umlauf sind – dies ist entweder mangelnder Kenntnis oder aber einem fahrlässigen Handeln geschuldet. Eine bewusste Täuschung trägt natürlich dazu bei, dass sich Händler einen finanziellen Vorteil verschaffen. Ein behandelter Stein muss grundsätzlich auch entsprechend gekennzeichnet werden. Nur so lässt sich Täuschungen und Fälschungen entgegenwirken.

Soll ein Stein für Heilzwecke verwendet werden, dann muss er unbedingt echt sein. Denn nur ein echter Stein, der auch eine hohe Qualität aufweist und unbehandelt ist, kann die gewünschte Wirkung entfalten. Anderenfalls kann es zu abgeschwächter oder sogar schädigender Wirkung kommen.

Da Heilsteine sehr vielfältig bearbeitet werden können, sollte beim Kauf auf vertrauenswürdige Bezugsquellen geachtet werden. Nur so ist sichergestellt, dass die Steine auch eine hohe Qualität aufweisen.

3.2 Heilwirkung der verschiedenen Steinfarben

Bei der Frage, welche Heilwirkung ein Heilstein besitzt, spielt auch die Farbe eine wichtige Rolle. So ist jedem Chakra eine bestimmte Farbe zugeordnet. Die Chakren werden wiederum Energiekörpern sowie bestimmten Organen sowie psychischen und seelischen Themen zugeordnet. Ein erfahrener Therapeut kann anhand von Farbe und Muster eines Heilsteins feststellen, für welche Einsatzgebiete der Stein geeignet ist.

Ein Aspekt, den man nicht unterschätzen sollte: Viele Anwender wählen ihren persönlichen Heilstein anhand seines Aussehens. Geleitet werden sie dabei meist von ihrer Intuition, so dass sie zu ihrer Lieblingsfarbe greifen, mit der sie wiederum eine bestimmte Bedeutung verbinden. Oft lassen sich auch Muster erkennen. So greifen Menschen, welche sich nach Sinnlichkeit oder auch Leidenschaft sehen, oft zu Steinen in roter oder oranger Farbe. Zu blauen Steinen greifen Menschen, die Ruhe, Klarheit und auch Inspiration suchen.

Es zeigt sich, dass die Farbe genau der Schwingungsenergie entspricht, die dem Körper oder auch Geist und Seele fehlt. Dabei werden verschiedenen Farben auch unterschiedliche Wirkungen nachgesagt.

Gelbe und goldfarbene Heilsteine

Sowohl Gelb als auch Gold haben eine Wirkung auf Verdauungsorgane (z. B. Magen, Milz, Bauchspeicheldrüse). Die Farben tragen dazu bei, zu aktivieren und aufzumuntern und haben deshalb eine lebensbejahende Wirkung bei depressiven Menschen.

Orangefarbene Heilsteine

Steine in orangen Farbtönen haben ebenfalls eine Wirkung auf die Verdauung, aber eher im Bereich des Dünndarms. Zudem wirkt die Farbe auf das Gemüt positiv, die Kontaktfreudigkeit wird angeregt und Anwender erhalten Lebensfreude und Optimismus.

Rote Heilsteine

Die Farbe Rot hat auf den Kreislauf eine stärkende Wirkung und soll – so ein Sprichwort – das Blut in Wallung bringen. Der Körper wird dadurch zur Aktivität angeregt. Rot wird aufgrund seiner optischen

Nähe zu Feuer als wärmend empfunden und stellt auf seelischer Ebene ein Sinnbild für Erotik und Leidenschaft, aber auch Hass dar.

Blaue Heilsteine

Blaue Farbtöne haben eine kühlende und beruhigende Wirkung. Blau regt Blase und Niere an und hilft bei der Regulierung des Hormonhaushalts. Auch bei Ängsten sowie zur Stärkung von Ehrlichkeit und Kreativität können blaue Heilsteine hilfreich sein.

Grüne Heilsteine

Grün hat auf den Körper eine beruhigende Wirkung. Organe wie Leber und Galle werden durch diese Farbtöne zur Entgiftung angeregt. Auf seelischer Ebene wirkt Grün harmonisierend und spendet für neue Taten Energie.

Braune Heilsteine

Braune Farben haben auf den Körper eine entspannende Wirkung. Zudem schärfen sie die Sinne. Braun steht für Stabilität und Kraft und wirkt sich positiv auf das Gewebewachstum aus.

Violette Heilsteine

Violette Töne haben eine besondere Wirkung auf Gehirn, Nerven, Haut, Lunge und auch Dickdarm. Die Farbe steht für Inspiration und Mystik, aber auch für Trauer und Opferbereitschaft. Zudem deutet Violett auf Gelassenheit und Extravaganz hin.

Rosafarbene Heilsteine

Rosa wirkt beruhigend auf das Herz. Der Mensch wird durch diese Farbe friedlich gestimmt, außerdem wird er für Gefühle und Stimmungen empfänglicher.

Schwarze Heilsteine

Schwarz wirkt beruhigend und auch konzentrierend auf das zentrale Nervensystem. Aufgeregte Gedanken werden absorbiert oder in eine andere Richtung weitergeleitet. Schwarz ist die Farbe der Vernunft bei Menschen, die sehr emotional sind.

Bunte und schillernde Heilsteine

Bunte und schillernde Farbtöne haben vor allem auf die Psyche eine starke Wirkung. Aufgrund der individuellen Farbmischungen sorgen sie für Kreativität, Lebensfreude oder auch Ablenkung.

Silberne und weiße Heilsteine

Silber und Weiß sind Farben, die vor allem auf geistiger Ebene ihre Wirkung entfalten. Durch das Sichtbarmachen von Vorhandenem stabilisieren sie, bereits gewonnene Erkenntnisse zeigen sie besser auf und verleihen dadurch Entscheidungskraft und Klarheit.

3.3 Heilwirkung nach der Entstehung der Steine

Für die Entstehung von Edelsteinen müssen bestimmte Bedingungen erfüllt sein. An der Entstehung sind chemische und physikalische Prozesse beteiligt, die Bildung von Edelsteinen erstreckt sich über sehr lange Zeiträume. Dabei zeigt jeder Prozess ein besonderes Wirkungspotential, zudem spielen noch andere Faktoren eine wichtige Rolle bei der Entstehung von Edelsteinen.

In der Steinheilkunde erfolgt die Einteilung der Wirkungen entsprechend den folgenden drei Entstehungsarten:

1. Primäre Bildung

Edelsteine, welche im Magma oder auch in magmatischen Lösungen entstanden sind, haben eine besondere Wirkung auf Lernprozesse. Sie wirken auf den Ausbau bestimmter Charaktereigenschaften und verborgenem Potential. Steine aus primärer Bildung passen gut zu Neuanfängen, da sie aktivieren sowie motivieren. Gerade bei Startschwierigkeiten stellen sie einen idealen Helfer dar.

2. Sekundäre Bildung

Durch Ablagerungen und Verwitterung gebildete Edelsteine stehen für Ausdauer und Zähigkeit. Gerade bei eingefahrenen Mustern oder auch fehlerhaften seelischen und körperlichen Prozessen können Edelsteine aus sekundärer Bildung hilfreich sein. Große Zusammenhänge lassen sich damit bewusst machen, das stetige Streben nach Verbesserung und Entwicklung wird gefördert.

3. Tertiäre Bildung

Tertiär gebildete Edelsteine entstehen durch äußere Einflüsse aus Gesteinsumwandlungen und haben eine positive Wirkung auf Veränderungen. Sie können eine Hilfe darstellen, wenn ihr Anwender etwas Neues wagen möchte. Auch bei der Veränderung seiner Persönlichkeit oder der Auflösung bestehender Prozesse wirken sie. Tertiär gebildete Edelsteine können neue Wege eröffnen, Mut geben und dabei helfen, Vergangenes hinter sich zu lassen. Dadurch wird es möglich, sich Freiheiten zu nehmen.

3.4 Heilwirkung nach Mineralklasse und Kristallstruktur der Steine

Anhand der Mineralklassen und auch der Kristallstruktur ist es möglich, Edelsteine in bestimmte Wirkungsgruppen einzuteilen.

Einteilung nach Mineralklassen

1. *Elemente* (z. B. Gold) gehören zu einer Mineralklasse, die bei der Findung des inneren Gleichgewichts hilfreich sind und außerdem zur Stärkung der Persönlichkeit beitragen können. Sie zeigen vorhandenes Potential auf und verschaffen Klarheit.

2. *Sulfide* (z. B. Pyrit) zeigen auf, was sich Verborgenes im Unterbewusstsein befindet. So lassen sich Probleme lösen und versteckte Träume erfüllen.

3. *Sulfate* (z. B. Coelestin) helfen bei der Unterdrückung von schädigenden Prozessen für Körper und Geist. Dadurch schützen sie vor Überlastungen und Stress.

4. *Oxide* (z. B. Magnetit) helfen dabei, mehr Bestand und Dauer ins Leben zu bringen, ohne dass dabei die Lebenslust verloren geht. Sie tragen dazu bei, aktiv und lebendig zu machen.

5. *Carbonate* (z. B. Azurit) können Unsicherheiten und Wankelmut in Einklang bringen. Unterdrückte Gefühle werden belebt, wodurch sich falsche Kompromisse aufdecken lassen.

6. *Silikate* (z. B. Amazonit) unterscheiden sich recht deutlich in ihrer Form und wirken dadurch auch in ihren verschiedenen Kristallgittern sehr unterschiedlich. Deshalb lässt sich die Wirkung einzelner Silikate auch nicht pauschalisieren, jeder Heilstein aus dieser Gruppe muss für sich betrachtet werden.

7. *Phosphate* (z. B. Türkis) tragen zu einem beschleunigten Wachstum sowie einer Förderung von versteckten Reserven bei. Zudem lässt sich mit ihnen der Säure-Basen-Haushalt ausgleichen.

8. *Halogenide* (z. B. Fluorit) stärken den Wunsch nach Freiheit und vermitteln zudem das Gefühl von Ungebundenheit. Auch erfolgt eine Bestärkung der freien Entscheidung.

Einteilung nach Kristallstrukturen

Das Kristallsystem eines Edelsteins wird in acht unterschiedliche Formen aufgeteilt, die ein Kristall annehmen kann. Dabei vermittelt jedes Kristallsystem ein geistiges Muster, welches mit dem Anwender übereinstimmt:

1. *Monoklines Kristallsystem*: Die Grundstruktur des monoklinen Kristallsystems wird durch Parallelogramme gebildet. Die Wirkung dieser Edelsteine erstreckt sich auf dynamische Menschen sowie auf Menschen, die ihrem Bauchgefühl folgen.

2. *Trigonales Kristallsystem*: Heilsteine aus dem trigonalen Kristallsystem eignen sich für geduldige und bequeme Menschen, die das Ziel verfolgen, gelassener und zufriedener zu werden.

3. *Kubisches Kristallsystem*: Edelsteine des kubischen Kristallsystems sorgen für eine geordnete Lebenshaltung. Besonders profitieren Menschen mit einem starken Sicherheitsbedürfnis von diesen Heilsteinen.

4. *Hexagonales Kristallsystem*: Edelsteinen in diesem Kristallsystem haben eine sechseckige Grundstruktur und wirken unterstützend auf Zielstrebigkeit, Effektivität und Ehrgeiz.

5. *Tetragonales Kristallsystem*: Dank der rechteckigen Grundstruktur wirken Heilsteine dieses Kristallsystems besonders bei neugierigen Menschen, deren Forscherdrang dadurch gestärkt wird.

6. *Triklines Kristallsystem*: Die trapezförmige Grundstruktur wird bei Menschen, die sehr impulsiv sind und nach Extremen suchen. Meist sind diese Menschen auch sehr emotional und glauben an das Schicksal.

7. *Rhombisches Kristallsystem*: Durch die Rautenform wird ein schneller Wandel bestimmt. Beim Anwender wird das Verlangen nach Zugehörigkeit und nach einer zielgerichteten Lebensführung unterstützt.

8. *Amorphe Steine*: Bei amorphen Steinen ist keine Kristallstruktur vorhanden. Eine Wirkung entfalten Sie bei unbeständigen und auch unabhängigen Menschen, die freiheitsliebend sind und eine intensive Wahrnehmung mögen.

3.5 Einfluss der Chakren auf die Heilwirkung

In der „Lehre der Chakren" werden besondere Körperstellen beschrieben, bei denen es sich um so genannte Energiezentren handelt. Diese wiederum haben auf das allgemeine Wohlbefinden und die eigene Entwicklung Einfluss. Werden auf diesen Energiezentren gezielt Heilsteine aufgelegt, erhöht sich das Wirkungspotential dieser Steine. Die Steinheilkunde macht sich das natürlich zunutze und so können jedem Chakra unterschiedliche Heilsteine zugeordnet werden.

Chakren sind die zentralen Schaltzentren für den Energieaustausch im Körper. Je nach Philosophie erfolgt eine Einteilung in sieben oder neun Hauptchakren. Dabei verfügt jedes Chakra über eine individuelle Schwingungsenergie. Darüber wiederum findet die seelische Kommunikation statt. Mit Instrumenten der Medizin sind diese Frequenzen nicht messbar. Allerdings gehen tiefere Schwingungen mit den hohen Schwingungen der Chakren in Resonanz, was vor allem bei Schwingungen der Heilsteine der Fall ist. So resonnieren unterschiedliche Edelsteine entsprechend ihren Eigenschaften mit den einzelnen Chakren. Es kommt dann ab einer bestimmten Resonanzstärke zu einer Wechselwirkung und damit zu einer positiven Beeinflussung des jeweiligen menschlichen Energiekörpers.

Durch die Schwingungen von Heilsteinen werden die Chakren angeregt, in ihre ursprüngliche und damit „gesunde" Schwingungsmatrix zurück zu fallen. Energetische Blockaden (z. B. psychisch, emotional, mental) lassen sich so lösen, der Energiefluss wird angeregt. Die positiven Wirkungen zeigen sich dann auch auf physischer Ebene, weshalb oft von Heilung oder zumindest Linderung bei bestimmten Krankheiten und Problemen berichtet wird.

3.6 Heilwirkung auf die einzelnen Sternzeichen

Immer wieder werden Heilsteine mit Sternzeichen in Verbindung gebracht, da sie auf die Energie der Sterne wirken und diese somit beeinflussen können. Damit lassen sich Heilsteine gezielt zu bestimmten Sternzeichen zuordnen.

Jedem Sternzeichen werden verschiedene Heilsteine entsprechend den jeweiligen Eigenschaften zugeordnet. Die Heilsteine tragen dazu bei, bestimmte Charaktereigenschaften des Anwenders zu stärken oder zurückzuhalten. Klassischerweise fördern Heilsteine dabei die Stärken und regen positive Seiten an, Ausgleichssteine beziehen sich auf die Schwächen des Anwenders.

Widder

Heilsteine für den Widder sind Granat, Rubin, roter Jaspis, roter Achat und Spinell. Als Ausgleichssteine kommen Amethyst, Tigereisen und Rosenquarz in Frage.

In der Entfaltung seiner Persönlichkeit wird der Widder durch den roten Jaspis unterstützt. Dieser lenkt außerdem Blockaden ab und kann Ausgeglichenheit und Tatkraft verleihen. Spinell und Rubin fördern hingegen Lebensfreude und Mut und tragen zu mehr Leidenschaft bei Widder-Geborenen bei. Der Granat sorgt für mehr Energie und Dynamik, der rote Achat zügelt die Energie und den Tatendrang.

Stier

Bei Stieren spielen Karneol, oranger Bernstein, Honigcalcit sowie Orangencalcit eine Rolle als Heilsteine. Ausgleichssteine für Stier-Geborene sind Chrysopal, Aktinolith, Malachit und Moosachat.

Wer im Sternzeichen Stier geboren wurde, gilt als Realist. Traditionen und Rituale sind für diese Menschen besonders wichtig. Karneol, Bernstein und auch Honigcalcit können die typischen Stärken eines Stiers fördern. Der Karneol verleiht zudem Spontanität und hilft dabei, die gefühlvolle und sinnliche Seite besser zum Vorschein zu bringen und zu erleben.

Zwillinge

Klassische Heilsteine für Menschen, die im Sternzeichen Zwillinge geboren sind, sind Goldtopas, gelber Opal, Pyrit, gelber Fluorit sowie Gold. Wichtige Ausgleichssteine sind Aquamarin, gelber Jaspis und Tigerauge.

Zwillinge gelten als flexibel und geistig beweglich, ihr Intellekt ist wach. Um diese Eigenschaften zu fördern, sollten Zwillinge zu goldenen und gelblich schimmernden Edelsteinen wie Goldtopas greifen. Anwender werden dadurch in ihrer Entscheidungsfreude und auch in ihrer Unterscheidungsfähigkeit gestärkt, zudem lassen sich so Kreativität und Wissbegierde fördern.

Krebs

Krebs-Geborene finden in Ammoni, gelbem Jaspis und Turmalinquarz gute Heilsteine. Amazonit, Bernstein, Calcit und Karneol sind hervorragende Ausgleichssteine für Menschen im Sternzeichen Krebs.

Krebse sind Menschen, die eher introvertiert agieren. Sie sind sehr sensibel und emotional. Diese Stärken lassen sich mit Heilsteinen wie Ammonit, gelbem Jaspis oder Turmalinquarz unterstützen.

Löwe

Löwe-Geborene sollten zur Förderung ihrer Stärken vor allem gelbe und strahlende Heilsteine wie Citrin, gelber Fluorit, gelber Turmalin oder Orthoklas verwenden. Als Ausgleichssteine kommen Diamant, Dravit oder auch Kunzit in Frage.

Löwen erreichen so mehr Mut und Zuversicht, wirken dabei aber nicht überheblich. Außerdem lässt sich dadurch das Verantwortungsgefühl stärken.

Jungfrau

Typische Heilsteine für Jungfrau-Geborene sind Brasilianit, grüner Apatit, Chrysoberyll oder auch Serpentin. Als Ausgleichssteine können Charoit, Rubellit oder Rutilquarz verwendet werden.

Jungfrauen mögen Strukturiertheit und neigen zu Besinnung und Verinnerlichung. Mit den passenden Heilsteinen lassen sich Zuversicht und Kraft fördern. Außerdem wirken sie beruhigend und sorgen für mehr Ausgeglichenheit. Gefördert werden zudem Optimismus und Gerechtigkeitssinn.

Waage

Klassische Heilsteine für die Waage sind Peridot, der grasgrüne Jade, Smaragd, Nephrit, Aventurin sowie Chrysopras. Als Ausgleichssteine können Heliotrop, Lapislazuli, roter Jaspis und Malachit zum Einsatz kommen.

Vor allem grasgrüne Edelsteine haben auf Waage-Geborene eine besondere Wirkung. Sie fördern das Bedürfnis nach Harmonie und stärken den Gerechtigkeitssinn.

Skorpion

Skorpionen kommen Heilsteine wie grüner Achat, Amazonit, Malachit und Türkis sowie Ausgleichssteine wie Chrysopras, Fluorit und Zoisit zu Gute.

Wer im Sternzeichen Skorpion geboren ist, widmet sich oft Themen wie Vergänglichkeit, Leben und auch Tod. Es ist jedoch wichtig, auch in die Tiefe zu gehen, um den Blick für Gutes nicht zu verlieren. Hierbei sind blaugrüne Heilsteine besonders hilfreich. Diese verbessern die Wahrnehmungsfähigkeit und steigern die Konzentration. Skorpione können beispielsweise mit Hilfe des Türkis ihr Inneres besser erkunden, Amazonit hilft bei der Überwindung von Widerständen.

Schütze

Hellblauer Chalcedon, Larimar, blauer Saphir, Tansanit und Zeiringit sind gute Heilsteine für Schütze-Geborene. Ausgleichssteine sind Azurit-Malachit, Dolomit sowie Indigolith.

Schützen sind immer auf der Suche nach ideeller Ordnung. Sie sind begeisterungsfähig, wenn es um Psychologie, Geisteswissenschaften und Philosophie geht. Edelsteine des Elements Feuer sind optimale Begleiter und stärken den Gemeinschaftssinn und die Offenheit. Zudem helfen sie dabei, der eigenen Intuition zu vertrauen und sich neuen Herausforderungen zu stellen.

Steinbock

Amethyst, Bergkristall, schwarzer Rohdiamant, Obsidian sowie Onyx sind gute Heilsteine für den Steinbock. Als Ausgleichssteine können Dumotierit, Morganit, Schörl und Sonnenstein genutzt werden.

Steinbock-Geborene gelten als selbstbewusste und klar denkende Menschen. Die möglichen Heilsteine stärken die Konzentrationsfähigkeit, fördern die Wahrnehmungsfähigkeit und verleihen Mut und Kraft.

Wassermann

Wassermänner sollten zu blauen Heilsteinen wie Aquamarin, Coelestin, blauem Fluorit, blauem Labradorit und blauem Topas greifen. Als Ausgleichssteine eignen sich Aragonit, versteinertes Holz und Magnesit.

Wassermänner gelten als schillernde Persönlichkeiten und zeigen ein hohes Maß an Individualität und Kreativität. Mit lichtblauen Steinen lassen sich diese Stärken gut fördern. Labradorit kann dabei die Persönlichkeit des Wassermanns hervorheben und Tatendrang verleihen, während Aquamarin Voraussicht und Weitblick schenken. Der blaue

Topas kann zudem die geistige Klarheit und Spontanität stärken.

Fische

Die klassischen Heilsteine für Fische-Geborene sind Girasol, rosa Kunzit, Morganit, Rosenquarz und Schneequarz. Wichtige Ausgleichssteine sind Achat, Amethyst sowie Türkis.

Fische gelten als spirituelle Menschen. Rosafarbene Heilsteine haben auf dieses Sternzeichen eine gute Wirkung. Sie stärken die Empfindsamkeit und das Einfühlungsvermögen. Außerdem helfen sie Fischen, den Blick für das Wesentliche zu behalten sowie innere Ruhe und Gelassenheit zu fördern.

4. Hildegard von Bingen und die Steinheilkunde

Mit Hildegard von Bingen lebte im Mittelalter eine sehr außergewöhnliche Persönlichkeit. Sie war Äbtissin in einem Kloster der Benediktiner im pfälzischen Bingen. Neben ihrer Arbeit für die Religion befasste sie sich auch mit Medizin, Kosmologie und naturwissenschaftlicher Forschung und war damit vielen ihrer Zeitgenossen weit voraus.

Im Zusammenhang mit ihren wissenschaftlichen Beobachtungen verfasste Hildegard von Bingen einige Bücher sowie Abhandlungen zur Natur. Ein Buch davon befasst sich ausschließlich mit Steinen. Dadurch wurde der Grundstein für die moderne Steinheilkunde gelegt, welche sich auch heute auf dieses Buch der Äbtissin beruft.

4.1 Heilkunde und Steinheilkunde nach Hildegard von Bingen

Wenn man sich die Geschichte der Steinheilkunde genauer anschaut, dann führt ihr Weg unweigerlich auch zu Hildegard von Bingen. Sie gilt als eine der bedeutendsten historischen Figuren der Naturheilkunde. Die religiöse Predigerin, Medizinerin und Musikerin lebte im zwölften Jahrhundert und verfasste bis zu ihrem Ableben verschiedene Schriften rund um Naturheilverfahren, Naturwissenschaften und eben auch die Steinheilkunde.

So beschrieb Hildegard von Bingen in ihrer „Liber simplicis medicinae“ oder „Physica“ (1151 bis 1158) in einer ausführlichen Abhandlung über 500 Tiere, Pflanzen, Steine sowie Elemente. Im Nachfolgebuch „Liber compositae medicinae“ oder „Causae et curae“ beschreibt sie dann deren Einsatzmöglichkeiten zur Heilung von Krankheiten.

Eine ganzheitliche Sichtweise auf den Menschen stellt die Basis der Heilkunde dar, welche Hildegard von Bingen anwandte. Krankheiten betrachtete die Äbtissin als ein Zusammenwirken verschiedener Kräfte auf den Körper und die Seele des jeweiligen Patienten. Sie kurierte mit ihren Behandlungen nicht nur die Krankheitssymptome, sondern erforschte und behandelte auch deren Ursachen. Die heute angewandten naturheilkundlichen Verfahren lassen sich mit der Lehre der Äbtissin vergleichen, denn sie beruhen auf der gleichen Grundtheorie.

In der „Physica" der Hildegard von Bingen in „De Lapidibus" steht geschrieben: *„Gott [...] ließ weder das Strahlen noch die Kräfte der Edelsteine vergehen, denn er wollte, dass sie auf Erden geschätzt und gepriesen würden und als Heilmittel dienen."* (Quelle: De Lapidibus)

In dieser Einführung rund um das Thema Heilsteine erklärt sie damit zwei Aspekte:

1. Sie beschreibt sowohl Strahlen als auch Kräfte der Edelsteine. Ihrer Meinung nach verfügen Heilsteine über eine gewisse Energie oder auch Kraft, wie sie durch die moderne Steinheilkunde beschrieben und heute durch elektromagnetische Felder der Steine erklärt wird. Die Energie entspringt der Entstehung der Steine in Vulkanen, wo sie mit bestimmten Schwingungen versehen werden, welche sie dann an andere Objekte abgeben. Schon im zwölften Jahrhundert sah Hildegard von Bingen einen Zusammenhang zwischen der Entstehung der Steine aus „Wasser und Feuer" und deren heilender Wirkung.

2. Weiterhin beschreibt die Äbtissin zusätzlich die Wirkung der Kraft der Steine als Heilmittel auf den Menschen. In der modernen Steinheilkunde lässt sich dies durch die verschiedenen Eigenschaften eines Heilsteins erklären. So haben Entstehungsprozess, Formen sowie Kristallstruktur, Farben, Mineralklassen und auch mögliche enthaltene Metalle einen Einfluss auf die Wirkung. Schon Hildegard von Bingen erwähnte diese Aspekte bei ihren Heilsteinen.

4.2 Die Heilsteine der Hildegard von Bingen

Hildegard von Bingen war die erste, die ausführlich über de Wirkung bestimmter Heilsteine schrieb. Ihr „Lexikon der Heilsteine“ umfasst Beschreibungen zu 24 Heilsteinen, die auch heute noch in der Steinheilkunde zur Anwendung kommen und aufgrund ihrer Heilwirkungen auch sehr geschätzt werden. Zudem finden sich darin Berichte über die Wirkungen und Anwendungsbereiche.

Hildegard von Bingen vereinte in den Heilsteinanwendungen sowohl ihre Beobachtungen als auch ihr medizinisches Wissen zu Beginn des zwölften Jahrhunderts. Einige Anwendungen erscheinen heutzutage deshalb als seltsam und sollten nach Möglichkeit jetzt auch nicht mehr ausgeübt werden, da sie teils auch eine schädigende Wirkung haben können.

Und dennoch gibt es zu den heutigen Erkenntnissen rund um die Anwendung von Heilsteinen einige Parallelen. Es lohnt sich also ein Blick in das Lexikon der von Bingen, denn schließlich stellt ihr Wissen rund um die Anwendung von Heilsteinen für die Steinheilkunde eine historische Ausgangsposition dar. Mittlerweile wird zu Heilsteinen immer wieder geforscht und es gibt zu vielen Hundert Steinen berichte zu deren jeweiliger Heilwirkung.

Im Heilsteinlexikon werden lediglich die damals bekanntesten Steine mit Heilwirkung beschrieben. Zwar erwähnt sie auch weitere Steine, allerdings galten diese als unbedeutend. Sehr viele der heute bekannten Heilsteine waren im Mittelalter noch nicht bekannt. Die Steine, die Hildegard von Bingen jedoch beschreibt, sind aber auch heute sehr bekannt und gehören zu den wichtigsten Heilsteinen.

<u>Der Achat</u>

Nach den Lehren der Hildegard von Bingen hat der Achat eine entgiftende Wirkung bei Insektenstichen. Zudem soll er vor Fall- und Mondsucht schützen und als Schutzstein gegen Diebstahl wirken. In der heutigen Steinheilkunde kommt der Achat bei Kopfschmerzen, Schwindel sowie Erkrankungen der Haut zur Anwendung.

Der Alabaster

Alabaster (Gips) galt bei Hildegard von Bingen nicht als Heilstein. Jedoch nutzt die moderne Steinheilkunde ihn gegen energetische Prozesse. In der Regel kommt er nur kurzfristig zur Anwendung, wenn es um das Lösen von Verspannungen geht. Bei längerer Anwendung kann er zu einer Verhärtung der Muskeln führen.

Der Amethyst

Hildegard von Bingen setzte den Amethyst bei Schwellungen sowie gegen Flecken auf der Haut ein. Eingesetzt wurde er zudem bei Insektenstichen, wo er mit Speichel angefeuchtet und dann auf die entsprechende Körperstelle gelegt wurde. Als Edelsteinwasser kam er gegen Läuse zum Einsatz, seine reinigende Wirkung macht ihn auch heute zu einem sehr gern verwendeten Heilstein.

Der Bergkristall

Bergkristall wird im Heilsteinlexikon der Hildegard von Bingen so beschrieben, dass er gegen Schilddrüsenbeschwerden, Herzleiden und Bauchschmerzen hilfreich sein könne. Er soll außerdem Kraft und Ausdauer verleihen und gilt auch heute als einer der kräftigsten Heilsteine. Deshalb kommt er auch sehr oft zur Verstärkung der Wirkung anderer Heilsteine zum Einsatz.

Der Beryll

Hildegard von Bingen setzte den Beryll gegen Gift ein. Aus dem Heilstein wurde Edelsteinwasser hergestellt, welches Patienten über einen Zeitraum von mehreren Tagen auf nüchternen Magen trinken mussten. Das Edelsteinwasser löste Erbrechen aus, wodurch das Gift aus dem Körper gelangte. Auch die moderne Steinheilkunde schätzt den Beryll aufgrund seiner entgiftenden Wirkung. Zudem wird ihm eine positive Wirkung auf Augen nachgesagt, er soll weiterhin Nervosität lindern können.

Der Calcit

Aus dem Calcit (Kalk) bereitete Hildegard von Bingen meist eine Paste zu, die aus einer Mischung aus Essigwein sowie gebranntem und auch ungebranntem Calcit-Pulver bestand. Zum Einsatz kam diese Paste gegen Würmer oder auch bei Entzündungen der Haut. In der modernen Steinheilkunde wird die von Hildegard von Bingen erkannte Wirkung auf Wachstum sowie Heilung von Haut, Gewebe und Knochen ergänzt, so dass er auch als homöopathisches Mittel für die geistige Entwicklung zum Einsatz kommt. Zudem nimmt er so auch Einfluss auf den Kalzium-Stoffwechsel.

Der Chrysolith

Chrysolith sollt als Edelsteinwasser gegen Fieber helfen können. Hildegard von Bingen setzte ihn zudem bei Herzbeschwerden ein, wofür er in erwärmtes Olivenöl getränkt wurde – das zur Anwendung kam dann das Öl, welches auf dem Herzen verteilt wurde. Erwärmter und geölter Stein wurde zudem gegen Magenschmerzen eingesetzt, indem er über Nacht auf den Bauchnabel gelegt wurde. Wird Chrysolith über dem Herzen getragen, soll er Wissen bewahren können.

Der Chrysopras

Der von Hildegard von Bingen beschriebene Chrysopras ist vermutlich ein getönter Chalzedon. Genutzt wurde er seinerzeit gegen Gicht sowie zur Entgiftung. Wurde der Heilstein zornigen Menschen auf die Kehle gelegt, sollte er sie beruhigen können. Gegen Epilepsie kam er ebenfalls zum Einsatz. Die moderne Steinheilkunde setzt Chrysopras zur Entschlackung ein, doch je nach Farbe ist er sehr vielseitig verwendbar.

Der Diamant

Die stark klärende Kraft des Diamanten wurde schon von Hildegard von Bingen sehr geschätzt. Im Mund gelutscht sollte er vor cholerischen und jähzornigen Ausbrüchen schützen und zudem gegen Lügen wirken. Selbst Schlaganfälle, Gelbsucht und Gicht behandelte die von Bingen mit Diamantwasser. In der modernen Steinheilkunde kommt Diamant vor bei der Klärung von Blockaden zum Einsatz, aber auch heute noch wird Diamantwasser bei Schlaganfallpatienten angewendet.

Der Hyazinth

Hyazinth, wie ihn Hildegard von Bingen beschrieb, ist mit dem heutigen Zirkon gleichzusetzen. Dieser trug bis ins Mittelalter hinein die Bezeichnung Hyazinth. Von Bingen beschrieb die Wirkung des Hyazinth auf die Augen, auf das Herz und auch gegen Fieber sehr deutlich. Auch heute wird er für das Herz angewendet, moderne Erkenntnisse schreiben ihm auch positive Wirkungen auf Lunge und Atemwege zu.

Der Jaspis

Hildegard von Bingen bezeichnete ihn als Jaspis, die moderne Steinheilkunde geht davon aus, dass es sich um die grüne Quarzvariante Heliotrop handelte. Die Äbtissin setzte den Heilstein seinerzeit gegen Taubheit ein, indem er erwärmt und mit einer Vorrichtung in das Ohr eingeführt wurde. Durch die Wärme wurden die Nasennebenhöhlen geöffnet, Eiter konnte abfließen. Durch Auflegen sollte er zudem gegen Gicht helfen können.

Der Karfunkel

Der Begriff „Karfunkel“ wurde im Mittelalter allen roten Edelsteinen wie dem Granat, dem Rubin oder auch dem Spinell zugeordnet. Hildegard von Bingen setzte ihn gegen Fieber und Gicht ein. Um Mitternacht wurde er dazu für eine kurze Dauer auf den Bauch des Patienten gelegt, bis er sich erwärmt hatte. Zum Einsatz kam Karfunkel auch gegen Kopfschmerzen, indem er kurze Zeit auf den Scheitel des Betroffenen gelegt wurde.

Der Karneol

Hildegard von Bingen beschrieb den Karneol als Helfer gegen Nasenbluten. Hierzu sollte er in erwärmten Wein gelegt werden, welchen der Patient dann trinkt. In der heutigen Zeit kommt der Karneol als Heilstein bei Kreislauf-Problemen sowie für den Stoffwechsel zum Einsatz, der ihm wird nachgesagt, er könne die Durchblutung fördern.

Der Kalkoolith

Kalkoolith, der bei Hildegard von Bingen auch als Margarit bekannt war, entsteht durch die Ansammlung von Kalk in Wasser. Hildegard von Bingen war sich dessen bewusst und verwendete Edelsteinwasser aus Kalkoolith zur Senkung von Fieber. In erwärmter Form zeigte er auch gegen Kopfschmerzen eine gute Wirkung, wenn er an die Schläfen gehalten wurde. Auch heute wird der Heilstein in dieser Weise noch angewandt.

Der Ligur

Der Ligur, wie Bernstein von der Äbtissin genannt wurde, kam bei ihr gegen Magenschmerzen zum Einsatz. Als sehr stark wirkender Edelstein muss er ihrer Kenntnis zufolge sehr vorsichtig eingesetzt werden. Bernstein soll weiterhin bei Problemen beim Wasserlassen helfen können und wird auch in der heutigen Zeit bei Magenproblemen eingesetzt.

Der Magnetit

Im Mittelalter gingen die Menschen davon aus, der Magnetit (Magnetstein) sei durch die Hilfe giftiger Schlangen entstanden, weshalb er gegen Wahnsinn helfen sollte. Zwar weiß man heute, dass er vulkanischer Entstehung ist, dennoch wird er als Heilstein zur Steigerung der Reaktionsfähigkeit verwendet. Er kann die Hormondrüsen anregen und somit Depressionen vorbeugen.

Der Onyx

Der bei Hildegard von Bingen bekannte Onyx ist heute ein Achat. Die Äbtissin stellte mit ihm Edelsteinwasser aus Wein her, welches bei Augenleiden zum Einsatz kam und auf die Augen geträufelt wurde. Als heilend galt er auch bei Fieber, Magenbeschwerden, Erkrankungen der Milz sowie Herzproblemen. In der modernen Steinheilkunde kommt der Onyx vor allem beim Hörproblemen sowie Hörsturz zur Anwendung. Auch bei Sehschwäche ist seine Anwendung immer noch beliebt.

Die Perle

Auch zu Zeiten der von Bingen galten Perlen nicht als Heilsteine im eigentlichen Sinne. Sie wurden als Gebilde von krankheitsbringenden Tieren betrachtet und sollen durch Schmerz und aus Unrat entstanden sein. Mittlerweile glaubt man allerdings, Perlen können unverarbeitete und depressive Gedanken zum Vorschein bringen, weshalb sie auch zu therapeutischen Zwecken um den Hals getragen werden.

Der Prasem

Hildegard von Bingen verwendete den Prasem gegen brennendes Fieber. Dazu wurde er in Weizenbrotteig gewickelt und über drei Tage ohne Unterbrechung um den Bauch gebunden getragen. Hilfreich sollte er ebenfalls bei Quetschungen sein, bei denen er mit altem Fett oder Salbei auf die Wunde gelegt wurde. Heute noch kommt Prasem bei Fieber, Prellungen, Sonnenbränden und Hautausschlägen zum Einsatz.

Der Saphir

Der Saphir (in der heutigen Steinheilkunde der Lapislazuli) gilt als Heilstein bei Augenkrankheiten. Dazu wird der Heilstein mit Wein beträufelt und dann die Augen damit berührt. Bei Erkrankungen wie Blindheit oder auch Rötungen der Augen wird er mit Speichel befeuchtet und ebenfalls an das betroffene Auge gehalten. Wird ein Saphir gelutscht, dann kann dies gegen Gicht helfen, auch ein klarer Verstand lässt sich dadurch herbeiführen. Die moderne Steinheilkunde setzt ihn zur Förderung der Konzentration und Klarheit ein.

Der Sarder

Sarder (auch als brauner Karneol bekannt) wurde im Mittelalter verwendet, um Seuchen zu bekämpfen. Er wurde dazu um den Kopf der Betroffenen gebunden. Wirkung zeigte er auch gegen Pusteln, Gelbsucht und starkes Fieber. Zur Zeit der Hildegard von Bingen wurde er dazu in Morgenurin eingelegt, was heute aber nicht mehr getan wird. In der heutigen Zeit nutzt die Steinheilkunde den Sarder vielmehr bei Entzündungen sowie zur Beruhigung der Nerven.

Der Sardonyx

Der Sardonyx soll zur Schärfung der fünf Sinne beitragen können. Hildegard von Bingen setzte ihn auch gegen Jähzorn, Dummheit und Zuchtlosigkeit ein. Die moderne Steinheilkunde verwendet den Sardonyx vor allem zur Verstärkung des Flüssigkeitshaushalts, wo er die Nährstoffaufnahme und die Ausscheidung fördert.

Der Smaragd

Das Tragen des Smaragds auf der Haut soll bei Schmerzen Linderung verschaffen können. Sogar das Lutschen gilt als schmerzlindernd, wenn der Speichel anschließend ausgespuckt wird. Wer unter Kopfschmerzen leidet, soll den Smaragd anfeuchten und über die Stirn streichen. Nach Hildegard von Bingen soll Edelsteinwasser zudem schleimlösend wirken und den Speichelfluss verringern können. In der modernen Steinheilkunde kommt der Smaragd unter anderem gegen Entzündungen der oberen Atemwege zum Einsatz.

Der Topas

Topas soll laut Hildegard von Bingen in der Nähe von giftigem Essen schwitzen. In Wein eingelegt wurde er zur damaligen Zeit bei Augenleiden eingesetzt, auch gegen Fieber kam er in dieser Form zur Anwendung. Mittlerweile ist der Topas ein Heilstein, der vor allem zur Anregung von Verdauung und Stoffwechsel zum Einsatz kommt.

5. Anwendung von Heilsteinen

Heilsteine können sich positiv auf die Gesundheit, das Empfinden, die Gedanken und auch das Handeln auswirken. Das ist immer dann der Fall, wenn wir mit ihnen in Resonanz stehen – die Wirkung beruht aber grundsätzlich auf einer Anregung der Selbstheilungskräfte.

Die Heilwirkung der Steine kann auf vielfältige Weise genutzt werden. Dies ist sowohl bewusst als auch unbewusst möglich. Dabei können Heilsteine entweder direkt oder aber indirekt wirken, wobei die direkte Anwendung wesentlich häufiger erfolgt. Der Stein wirkt dabei als Ganzes unmittelbar von außen auf den Anwender. Gleiches gilt auch für Edelsteinwasser, dass sowohl innerlich als auch äußerlich angewendet werden kann.

Wie sich Heilsteine bewusst anwenden lassen, ist von Mensch zu Mensch sehr unterschiedlich. So sollte jeder bei der Anwendung für sich selbst die beste Möglichkeit herausfinden.

5.1 Tragen von Heilsteinen

Werden Heilsteine getragen, kommen sie über einen längeren Zeitraum mit dem Körper in direkten Kontakt. Optimal geeignet ist deshalb natürlich Schmuck mit einem entsprechenden Heilstein. Schmuck gibt es in Form ganzer Ketten, Anhänger oder auch als Arm- oder Fußkettchen.

Auch Handschmeichler oder Daumensteine sind zum Tragen geeignet. Beides sind jedoch eher Sonderformen, denn der direkte Hautkontakt erfolgt nicht kontinuierlich, sondern nur sporadisch beim Griff in die Hosentasche. In der Regel passiert das aber unbewusst immer dann, wenn der Stein „benötigt“ wird. Wer den Handschmeichler häufiger nutzt, entscheidet sich vermutlich für einen Daumenstein, in dem für den Daumen eine Mulde für ein angenehmeres Gefühl bei der Berührung eingebracht ist.

Die moderne Steinheilkunde empfiehlt das Tragen eines Heilsteins solange, bis es zu einer Verbesserung des Wohlbefindens oder der Erreichung des Behandlungsziels kommt.

In vielen Fällen kommt es beim Tragen von Heilsteinen zu einer so genannten Erstreaktion. Grundsätzlich ist das ein gutes Zeichen, denn sie zeigt, dass der Körper auf den Heilstein auch reagiert. Eine zeitweise Unterbrechung der Anwendung sollte jedoch erfolgen, wenn diese Erstreaktion sehr stark ausfällt. Die Tragedauer wird dann am besten langsam erhöht.

5.2 Auflegen von Heilsteinen

Zwar besteht beim Auflegen der Heilsteine ebenfalls direkter Kontakt mit der Haut, dieser ist aber sehr kurz und von zeitlicher Begrenzung. Die Heilsteine werden dabei gezielt auf eine bestimmte Stelle des Körpers gelegt – in der Regel natürlich dort, wo die Beschwerden auftreten oder alternativ auf das Energiezentrum für das betreffende Organ.

Das Auflegen von Heilsteinen wird meist in liegender Position durchgeführt, so dass der Stein nicht zusätzlich fixiert werden muss. Zusätzlich hat das Liegen einen entspannenden Effekt, der die Selbstheilungskräfte unterstützt. Die Heilung lässt sich außerdem durch die Wahl des geeigneten Zeitpunkts beeinflussen. Und unter Zuhilfenahme der traditionellen chinesischen Medizin (TCM) kann mit der dort bekannten Organ-Uhr auch herausgefunden werden, zu welcher Tageszeit welches Organ sehr aktiv ist. Denn der beste Zeitpunkt für das Auflegen eines Heilsteins ist die Zeit mit der höchsten Aktivität.

5.3 Heilsteine aufstellen

Heilsteine können neben der direkten Anwendung auf der Haut auch im Aufenthaltsbereich aufgestellt werden. Hierfür ist es besonders wichtig, den passenden Ort zu finden. Dazu sollten mehrere Stellen zunächst probiert werden, bis der richtige Platz auch gefunden ist. Wenn mehr als nur ein Stein aufgestellt werden soll, dann sollte darauf geachtet werden, dass sich die einzelnen Steine nicht in ihren Wirkungen beeinflussen. Neben einer Verstärkung der Wirkung ist auch eine Aufhebung der Wirkung möglich.

Entscheidend für die Wirksamkeit ist zudem der richtige Abstand zwischen Stein und Betrachter. Der Begriff „Betrachter" wird in der Steinheilkunde deshalb gewählt, weil es sinnvoll ist, Heilsteine immer im Blickfeld aufzustellen. So wird die Wirkung auf die Seele besser spürbar.

5.4 Einsatz von Heilsteinen in Meditation und Steinkreis

Heilsteine kommen immer wieder in Meditationen sowie in Steinkreisen zum Einsatz.

Formen der Meditation gibt es zahlreiche. Und so ist es nicht verwunderlich, dass auch die Möglichkeit der Meditation mit Heilsteinen besteht.

Dabei kann die Meditation mit aufgelegten Steinen erfolgen, die dem Auflegen an sich ähnelt. Im Unterschied zum reinen Auflegen ist hier die geistige Konzentration auf den eigenen Körper sehr wichtig. Es sollte deshalb ein Zeitpunkt gewählt werden, zu welchem der Anwender wach und aufmerksam ist. Nur so wird das bewusste Wahrnehmen des Körpers möglich. Von großer Bedeutung sind Entspannung sowie Aufmerksamkeit. Durch gezieltes Atmen lässt sich gut entspannen, wodurch bestimmte Körperteile aufmerksamer und bewusster wahrgenommen werden können. Für das Auflegen im Rahmen der

Meditation sind vor allem die Körperbereiche sinnvoll, an denen die so genannten Chakras lokalisiert sind. Hier werden Informationen der Heilsteine optimal aufgenommen.

Eine weitere Form ist die betrachtende (kontemplative) Meditation, bei der eine bequeme und aufrechte Sitzhaltung eingenommen wird. Möglich ist das auf dem Boden oder auch auf einem Stuhl oder dem Sofa. Für diese Meditationsform sollte der Heilstein sowohl in Höhe der Augen als auch in einem passenden Abstand aufgestellt werden, damit der Blick darauf auch über eine längere Zeit entspannt möglich ist. Ein neutraler und möglichst dezenter Hintergrund ist dafür besonders wichtig, denn er darf die Aufmerksamkeit nicht ablenken. Lichtquellen wie Fenster, Lampen oder Kerzen wirken sich oft störend auf die Meditation aus. Der Hintergrund ist deshalb so wichtig, da der Blickt über den Stein hinweg direkt ins Leere gerichtet werden sollte.

Grundsätzlich ist es für die Meditation mit Heilsteinen sinnvoll, wenn der Körper äußerlich ruhig und bewegungslos ist. So ist es möglich, sich in den Stein hineinzuversetzen und so die heilsamen Kräfte besser aufzunehmen.

In Steinkreisen kommen mehrere Heilsteine zum Einsatz, der Anwender befindet sich sitzend oder auch liegend im Zentrum des Steinkreises. Wie groß der Steinkreis ist, kann der Anwender selbst bestimmten, denn die Wirkintensität der Steine ist bei jedem Menschen und auch je nach Zeitpunkt sehr verschieden. Der Steinkreis sollte deshalb zunächst auch entsprechend dem eigenen Empfinden gelegt werden. Eine Erweiterung sollte erfolgen, wenn sich der Anwender darin eingeengt fühlt – eine Verkleinerung, wenn es zu einem Gefühl der Leere oder auch der Zerstreutheit und des Ausgeliefertseins kommt.

Steinkreise sprechen vor allem die seelische und mentale Ebene an. Der Kreis kann verlassen werden, wenn sich eine Besserung in diesen Bereichen zeigt. Aber auch bei einem entsprechenden Impuls kann der Kreis verlassen werden.

5.5 Herstellung von Edelsteinwasser

Die Anwendung von Edelsteinwasser wird immer beliebter. Neben Wasser, in welches die geeigneten Steine gelegt werden, kann dafür auch Alkohol zum Einsatz kommen. Edelsteinwasser kann innerlich eingenommen werden, wodurch sich die Wirkung des Heilsteins auf den gesamten Organismus übertragen kann.

Warum Edelsteinwasser überhaupt hergestellt wird, lässt sich eigentlich ganz einfach erklären: Durch die direkte Berührung des Heilsteins mit Wasser oder auch nur durch die Lage in der Nähe von Wasser (z. B. hinter einem Glas) kommt es zu einer Übertragung der energetischen Schwingung des Steins. Das Wasser erhält also die Informationen des jeweiligen Heilsteins und wird aufgeladen.

Edelsteinwasser lässt sich auf unterschiedliche Weise herstellen. Das Einlegen der geeigneten Wassersteine in ein gut informierbares Wasser ist dabei die einfachste und auch bekannteste Methode. Zudem sind weitere Methoden denkbar.

Doch auch wenn das Einlegen von Heilsteinen in Wasser recht einfach erscheint, ist es nicht immer empfehlenswert. So gibt es auf der einen Seite immer wieder hygienische Bedenken. Zudem muss vor der Herstellung genau überprüft werden, ob sich der jeweilige Heilstein auch für den direkten Kontakt mit Wasser eignet. So sind einige Steine nicht nur verunreinigt, sondern sie können auch giftig sein, lösen sich auf oder hinterlassen im Wasser Splitter. Sinnvoll ist es, so genannte Edelsteinstäbe zu verwenden. In diese werden die Steine gegeben, die Stäbe können dann unter Luftabschluss dauerhaft im Wasser liegen.

Durch die Anwendung von Edelsteinwasser wirken Heilsteine sehr intensiv und auch über einen langen Zeitraum.

Typische Steine für die Herstellung von Edelsteinwasser

Die klassische Grundmischung mit energetisierender Wirkung ist ein Edelsteinwasser mit Amethyst, Bergkristall und Rosenquarz. Das

Edelsteinwasser erinnert an frisches Quellwasser. Die drei Heilsteine sorgen für folgende Wirkungen:

- Amethyst (violett) stärkt den Körper und öffnet den Zugang zur Seele über das dritte Auge
- Bergkristall (transparent) wirkt als Edelstein des Kronenchakras auf allen Chakren harmonisierend und klärt dabei den Verstand, zudem verstärkt er die Wirkung der beiden anderen Heilsteine
- Rosenquarz (rosa) hat eine reinigende Wirkung, schafft über das Herzchakra eine Verbindung mit der Liebe und stärkt die Spiritualität

Edelsteinwasser aus diesen drei Steinen stellt eine gute Basis für die Kombination mit anderen Heilsteinen dar, denn sie verstärken und harmonisieren.

<u>Edelsteinwasser herstellen</u>

Wer Edelsteinwasser selbst herstellen möchte, sollte immer Steine verwenden, die auch wirklich dafür geeignet sind. Das ist nicht bei jedem Stein der Fall. Vor allem Steine, die sich mit Wasser nicht vertragen, können mitunter giftige Substanzen freisetzen.

Edelsteinwasser sollte nach Möglichkeit in einer Glaskaraffe angesetzt werden. Entweder so oder aber in einem Edelsteinstab werden die Steine in die Glaskaraffe gegeben, die dann mit Leitungswasser aufgefüllt wird. Um eine Versorgung des Wassers mit Mineralien und Spurenelementen zu gewährleisten, sollten die Steine mindestens zwölf bis 24 Stunden im Wasser ruhen. Danach kann das Wasser über den Tag verteilt getrunken werden.

Es gibt unter den Heilsteinen viele Steine, die nicht in Wasser eingelegt werden dürfen. Dennoch hat ein entsprechendes Edelsteinwasser dennoch eine gute Wirkung. In diesem Fall kann das Wasser auch durch Kochen der Heilsteine durch ein Dampfverfahren oder auch durch das Einleiten über Kristallglas hergestellt werden. Gerade Einsteiger sollten bei Unsicherheit die Herstellung von Edelsteinwasser am besten einem erfahrenen Fachmann überlassen.

Bei der Herstellung von Edelsteinwasser lassen sich viele Edelsteine miteinander kombinieren. Es wird empfohlen, immer die Basismischung mit weiteren wassertauglichen Steinen zu ergänzen.

Grundsätzlich unterscheiden sich Wassersteine in ihrer Beschaffenheit, Größe und Form. Die Wirkung – egal, ob stark, intensiv oder sanft – wird von jedem einzelnen Aspekt beeinflusst. Sinnvoll ist es, sich an der Größe der Heilsteine zu orientieren. So ist die Wirkung mehrerer kleiner Heilsteine mit einem Durchmesser von einem Zentimeter intensiver, als die eines großen Heilsteins mit einem größeren Durchmesser.

Die richtige Einnahme von Edelsteinwasser

Edelsteinwasser sollte nie unkontrolliert in größeren Mengen getrunken werden. Gerade Einsteiger sollten mit einer geringen Trinkmenge beginnen. Als Faustregel gilt: Sobald ein Unwohlsein entsteht, muss die Dosierung sofort verringert werden. Alternativ ist eine Unterbrechung der Kur sinnvoll.

In der Regel ist es aber problemlos möglich, Edelsteinwasser jeden Tag zu trinken. An die richtige Dosis tastet sich der Anwender meist von ganz allein heran, denn der Körper reagiert auf das Wasser.

Wann sich die ersten positiven Effekte einstellen, ist dabei von Anwender zu Anwender individuell verschieden. So kann es durchaus sein, dass es bei einigen Menschen schon nach wenigen Minuten zu ersten Wirkungen kommt, während andere einige Tage darauf warten müssen. Häufiges Wasserlassen ist meist das erste Anzeichen für den Wirkeintritt, denn in diesem Fall beginnt die Entgiftung. Durch das Trinken von Edelsteinwasser zeigt sich die Wirkung in der Regel schneller, als dies beim Tragen von Edelsteinschmuck der Fall ist.

Im Übrigen sollte Edelsteinwasser nur maximal zwei Tage aufbewahrt werden. Es ist also sinnvoll zunächst nicht zu viel davon zuzubereiten.

6. Heilsteine richtig pflegen

Sobald ein Heilstein direkt mit der Haut in Kontakt kommt, sollte er nach seiner Anwendung gereinigt werden. Dabei spielt nicht nur die spirituelle Reinigung von Informationen eine entscheidende Rolle, auch Schmutz und mögliche Keime müssen entfernt werden.

Sehr oft werden Heilsteine falsch behandelt, weshalb sie an Glanz und Farbe verlieren. Deshalb sollte folgende Grundregel eingehalten werden:

Edelsteine sollten nie unüberlegt mit Wasser, Chemikalien, Ölen, Essig oder auch Alkohol behandelt werden. So gibt es Edelsteine, die sich bereits in Wasser auflösen, andere werden an ihrer Oberfläche von Alkohol und Essig angegriffen. Dadurch werden sie stumpf, lösen sich auf oder wandeln sich in eine andere Gesteinsart (z. B. Opal zu Chalcedon). Bei der Reinigung von Edelsteinen sollte deshalb immer sehr sorgsam umgegangen und die für den jeweiligen Stein geltende Empfehlung eingehalten werden.

6.1 Reinigung von Heilsteinen

Für die Befreiung von Staub und leichtem Schmutz sollte ein Pinsel verwendet werden, um die Heilwirkung des Steins zu erhalten. Soll ein neu erworbener Heilstein mit der Haut in Kontakt kommen, muss er vorher ebenfalls gereinigt werden. Um Keime zu entfernen, sollten die Steine vor der Anwendung auch desinfiziert werden.

Bevor es jedoch zur Reinigung kommt, ist abzuklären, welche Reinigungsmittel verwendet werden können. Sofern eine Reinigung mit Alkohol möglich ist, kann ein darin getränktes Tuch zur vorsichtigen Säuberung verwendet werden. Wichtig ist jedoch, dass der Heilstein im Anschluss unter fließendem Wasser abgewaschen wird, sofern er dafür geeignet ist.

Grundsätzlich gilt: Es sollten zum Erhalt von Leuchtkraft und Glanz nur Pflegeprodukte verwendet werden, die für den entsprechenden Stein auch bedenkenlos sind. So können beispielsweise unempfindliche Steine durchaus auch mit einer Bürste gereinigt werden.

Soll ein verblasster Stein poliert werden, dann gibt es einige Mittelchen, die dabei helfen. So kann Korundpulver angefeuchtet und auf einer Glasscheibe ausgebreitet werden. Auf der ebenen Fläche wird dann der Edelstein gerieben, was jedoch viel Geduld und auch Muskelkraft erfordert. Durch Einreiben mit für den Stein geeignetem Öl oder Wachs lassen sich auch kleinere Effekte erzielen, wenn der Stein damit behandelt werden darf. So lässt sich dadurch unter anderem eine raue Oberfläche optisch auffüllen.

Durch reines Säubern wird die Wirkung von Heilsteinen nicht beeinflusst. Wichtig ist jedoch, dass alle Rückstände von Reinigungsmitteln entfernt werden. Ein Edelstein, der aufgrund der Reinigung beschädigt wurde, ist zwar in seiner Oberfläche zerstört, seine Heilkraft ist jedoch nicht verloren. Polieren und auch Kleben kann die Heilwirkung allerdings negativ beeinflussen.

Reinigung von Heilsteinen mit Salz

Neben bestimmten Reinigungs- und Pflegeprodukten für Heilsteine stellt die Reinigung mit Salz die wohl einfachste und auch kostengünstigste Reinigungsmethode für Heilsteine dar.

Dazu wird der Heilstein in ein Glasgefäß gelegt und mit mineralarmem Wasser übergossen. So lässt sich die Leitfähigkeit des Salzes erhöhen. Bei wasserlöslichen Steinen oder Ketten aus Gold, Silber oder Leder sollte das Wasser weggelassen werden.

Diese Schale wird dann auf eine größere Schale gestellt, in der sich unbehandeltes Natursalz befindet. Wurde der Heilstein einen Tag lang getragen, bleibt er für einen Zeitraum von sechs bis zwölf Stunden darauf liegen. Die Reinigungsdauer ist dabei vor allem von der Menge des Salzes sowie der Menge der Edelsteine abhängig. Auch die Dauer der Anwendung spielt eine Rolle – ein Edelstein, der nur kurz aufgelegt wurde, muss nur für etwa zehn Minuten in der Salzschale verweilen. Für jede neue Reinigung sollte außerdem neues Wasser verwendet werden, das Salz wird nach einiger Zeit ausgetauscht.

Zwar gilt die Reinigung von Heilsteinen mit Salz als sehr wirkungsstark, allerdings ist sie auch sehr aggressiv. Es wird deshalb davon abgeraten, den Heilstein für längere Zeit im Salz liegen zu lassen. Das liegt daran, dass er durch das Salz komplett energetisch bereinigt wird und die heilende Wirkung sich damit auflöst. Zudem dürfen Heilsteine nicht direkt mit dem Salz in Berührung kommen, da es ansonsten zu einer chemischen Reaktion und einem Glanzverlust kommen kann. Da Salz einen Heilstein auf Dauer angreift, sollte eine Reinigung damit nicht zu oft erfolgen.

Das Reinigungsritual: Überflüssige Informationen entfernen

Sowohl direkt nach dem Kauf als auch nach einer gründlichen Reinigung sind oft noch überflüssige Informationen im Stein enthalten, die natürlich auch entfernt werden müssen. Hierfür eignet sich auch ein besonders Reinigungsritual. Ganz gleich ob mit Amethyst, Klang oder Rauch – in einer Reinigungszeremonie werden die Informationen noch einmal gründlich entfernt.

Eine solche Reinigungszeremonie sollte nach Möglichkeit in einem Raum erfolgen, der auf Körper und auch Seele angenehm wirkt. Oft eignet sich das Schlafzimmer dazu sehr gut, denn es ist der persönlichste Raum mit ruhiger und angenehmer Stimmung. Wichtig ist auch, dass in dem Raum eine gewisse Ordnung herrscht, um sich ganz auf die Reinigungszeremonie konzentrieren zu können. Elektronische Geräte dürfen ebenfalls nicht im Raum vorhanden sein.

Für das Reinigungsritual werden je nach Ritual folgende Utensilien benötigt:

- Heilstein
- reines und mineralarmes Wasser
- Räucherstäbchen
- Räuchergefäß
- Räucherkohle
- Kräuter zum Räuchern (z. B. Lavendel, Zedernholz)
- Blumen
- Klangschalen (alternativ: Glocken
- Kerze
- Amethyst-Druse
- Fächer (alternativ: große Feder)
- Holzzange
- saubere Tücher als Unterlage für den Heilstein

Konzentration spielt eine wichtige Rolle

Für die Durchführung eines Reinigungsrituals ist Konzentration besonders wichtig. Die Gedanken können mit Hilfe von Meditation oder auch Yoga so gesammelt werden, dass sich der Anwender gänzlich auf das Ritual einlassen kann.

Reinigung mit Rauch

In dem bereit gestellten Räucherungsgefäß wird die Räucherkohle entzündet. Wichtig ist, dass die Kohle keine Flammen mehr schlägt, sondern nur noch glüht. Danach werden die Kräuter auf die Räucherkohle gelegt. Sobald der Rauch aufsteigt, werden die Heilsteine einzeln mit der Holzzange ein paar Mal durch den Rauch gezogen. Alternativ kann mit einem Fächer oder Feder der Rauch über den Heilsteinen verteilt werden. Wichtig ist, dass die Heilsteine gleichmäßig dem Rauch ausgesetzt werden und sozusagen in ihm „baden“.

Reinigung mit Klang

Mit einer Holzzange werden die gesäuberten Heilsteine auf einem sauberen Tuch ausgebreitet. Sinnvoll ist die Anordnung in Form eines Mandalas (Kreis), denn diese Form sorgt für Ruhe und Entspannung. Der Klang kann so auch gleichmäßig über den Heilsteinen verteilt werden.

Um das Reinigungsritual mit Klang durchzuführen, wird die Klangschale oder auch die Glocke in die Hand genommen und mit einem Holzschläger zum Klingen gebracht. Wichtig ist dabei das Schlagen eines ruhigen Taktes, mit dem gleichmäßig über die Heilsteine hinweggegangen wird. So erhält jeder einzelne Stein die gleiche Menge an Klang. Es ist sinnvoll, dass jeder Stein mindestens zwei Minuten im Klang „badet“.

Reinigung mit Kerze und Wasser

Bei der Reinigung mit Kerze und Wasser wird zunächst mit Konzentration die Kerze angezündet, die über das gesamte Ritual hinweg brennen sollte. Mit dem Entzünden der Kerze wird ein Wunsch in den Raum geschickt (z. B. nach Unterstützung bei der Reinigung oder der Löschung von negativen Informationen). So kann sich der Geist darauf konzentrieren, dass sämtliche negativen Empfindungen durch die Zeremonie abgelegt werden können. Bekräftigt werden kann dieser Wunsch außerdem mit dem Besprengen der Heilsteine mit reinem und mineralarmem Wasser.

Reinigung mit Amethyst

Heilsteine können auch in eine Amethyst-Druse gegeben werden. Dabei handelt es sich um einen Hohlraum in einem Gestein. Dieser ist mit Amethyst-Kristallen ausgefüllt. Amethyst ist ein eisenhaltiges Gestein, welches sehr leitfähig ist. Durch den Quarz erhält Amethyst seine hohe Konzentration an Energie. Wird nun ein Heilstein in die Amethyst-Druse gelegt, gibt der Stein seine Informationen an den stärkeren Amethyst ab. Mitunter dauert das den ganzen Tag, der längere Aufenthalt des Heilsteins in der Druse ist aber unschädlich für ihn. In einer Amethyst-Druse kann jeder Heilstein effektiv gereinigt werden.

6.2 Entladung und Aufladung von Heilsteinen

Für die volle Entfaltung der Heilwirkung ist es notwendig, dass Heilsteine nicht nur gereinigt, sondern auch ent- und aufgeladen werden. Durch die Entladung werden sie von ihrer Energie befreit, durch das Aufladen werden die heilenden Kräfte wieder aktiviert.

Heilsteine entladen

Durch die Entladung wird ein Heilstein von seiner Energie befreit, die in der Regel mit unerwünschten Informationen behaftet ist. Deshalb sollte ein Heilstein vor jeder neuen Anwendung nicht nur gereinigt, sondern auch entladen werden. Nur so ist sichergestellt, dass er seine eigenen Informationen an den Anwender weitergibt. Für die Entladung von Heilsteinen sind verschiedene Möglichkeiten denkbar, sinnvoll ist eine Kombination der Methoden.

Entladung von Heilsteinen mit Wasser

Wird ein Heilstein mit Wasser entladen, wird die besondere Reinigungskraft von Wasser genutzt. Es handelt sich hier um die schnellste und auch einfachste Methode zur Entladung von Heilsteinen. Das gilt natürlich nur für Steine, die auch mit Wasser in Berührung kommen dürfen.

Um einen Heilstein mit Wasser zu entladen, wird er für mindestens eine Minute und fließendes Wasser gehalten und abgerieben. Der Heilstein wird sich zunächst seifig anfühlen, nach kurzer Zeit ist die Oberfläche aber stumpf und die überflüssige Energie wurde an das Wasser abgegeben. Um einer Keimbildung vorzubeugen, sollte er vor einer weiteren Verwendung an der Luft vollständig abtrocknen.

Entladung von Heilsteinen mit Hämatit

Zur Entladung eines Heilsteins kann auch ein stark leitfähiger Hämatit verwendet werden. Dieser nimmt die Energien sehr gut auf, wodurch der Heilstein entladen wird. Er besitzt ähnliche Eigenschaften wie Wasser, weshalb auch ein Bad von Hämatit-Steinen genutzt werden kann. Kleinere Steine sollten darin jedoch nicht mehr als 16 Stunden liegen, größere dürfen etwa einen Tag darin entladen werden. Ein Hämatit-Bad ist deshalb von Vorteil, weil auch Steine entladen werden können, die nicht mit Wasser in Berührung kommen dürfen.

Kleine Hämatit-Steine sind bereits zu niedrigen Preisen erhältlich, weshalb diese Möglichkeit der Entladung sehr günstig ist. Das Problem: Natürlich nehmen auch die Hämatit-Steine dann Informationen auf und müssen ihrerseits ebenfalls gereinigt und entladen werden, da sie diese Informationen ansonsten an den nächsten Heilstein weitergeben würden. Deshalb ist diese Entladungsform recht zeitaufwändig, für empfindliche Heilsteine stellt sie aber eine gute Alternative dar.

Entladung von Heilsteinen im Kühlschrank

Oft wird auch davon berichtet, dass Heilsteine zur Entladung über Nacht im Gefrierfach des Kühlschranks aufbewahrt werden können. In Form von Wärme geben die Heilsteine ihre Energie bei den kalten Temperaturen ab, am nächsten Tag fühlen sie sich deshalb auch frisch an. Allerdings ist diese Entladung eher oberflächlich, denn fremde Informationen werden durch die Kühlung im Heilstein konserviert.

Also wird der Stein nicht wirklich gereinigt, weshalb das Entladen im Kühlschrank eher nicht zu empfehlen ist.

Heilsteine aufladen

Nach der Reinigung und Entladung ist es wichtig, Heilsteine wieder aufzuladen. Damit wird die Energie als Informationsträger wieder aktiviert und der Heilstein kann sein gesamtes Potenzial freisetzen, ohne dabei unerwünschte Informationen an seinen Anwender abzugeben. Es gibt verschiedene Möglichkeiten, Heilsteine aufzuladen.

Neben den klassischen Methoden, die nachfolgend aufgeführt werden, erfolgt die Aufladung in einigen Kulturen in Zusammenhang mit bestimmten Ritualen, bei denen die Steine auf spirituelle Weise besungen oder besprochen werden. Auch durch das Aufhalten auf die Chakren lassen sich Heilsteine Aktivieren.

Aufladung durch Erwärmen

Das Erwärmen von Heilsteinen steht bei deren Aufladung in der Regel im Vordergrund, denn so kann er beim Auflegen oder auch bei einer Massage zu einem angenehmen Gefühl beitragen. In der modernen Steinheilkunde kommen dafür Sandbetten, warme Wasserbäder oder auch warme Massageöle zum Einsatz.

Wer seinen Heilstein zu Hause erwärmen möchte, kann ihn problemlos auf die Heizung legen. Um die Heilkraft des Steins nicht durch Elektrosmog zu verändern, sollten andere Elektrogeräte nicht für die Erwärmung verwendet werden. Eine weitere Möglichkeit der Erwärmung ist auch das Tragen in der Hosentasche, in seiner Wirkung wird er dadurch auch zugänglicher.

Aufladung im Sonnenlicht

Durch die Sonne lässt sich die Kraft der Heilsteine aktivieren und auch verstärken. Vor allem dann, wenn die Sonne nicht ihre volle Kraft besitzt, ist dies der Fall. Deshalb sind Morgen- oder Abendsonne am besten für die Aufladung von Heilsteinen geeignet, sobald das Licht für das Auge zu hell ist, kehrt sich die Aufladekraft der Sonne um. Der dann hohe UV-Anteil und der vergleichsweise geringe Rotlicht-Anteil sorgen für eine Entladung. Heilsteine sollten aus diesem Grund auch nur für etwa eine halbe Stunde nach Sonnenaufgang und etwa eine halbe Stunde vor Sonnenuntergang durch die Sonne aufgeladen werden. Dabei gibt die Sonne ihre Energie an die Edelsteine ab, bei der Anwendung wird diese dann an den Nutzer abgegeben.

Aufladung im Mondlicht

Dem Licht des Mondes wird nachgesagt, dass es eine sehr starke Eigeninformation besitzt. Vor allem bei Vollmond überträgt sich diese auf Edelsteine. Das Mondlicht hat auf Heilsteine, die auf den Wasserhaushalt wirken, eine ganz besondere Wirkung. Der Stein wird dazu über Nacht an eine Stelle gelegt, die für das Mondlicht zugänglich ist.

Bei der Aufladung im Mondlicht muss allerdings auf die Mondphase geachtet werden. So hat der zunehmende Mond eine positive Wirkung auf Heilsteine, welche bestimmte Dinge unterstreichen oder verstärken. Abnehmender Mond hingegen ist besser für Heilsteine geeignet, die bestimmte Eigenschaften verschwinden lassen sollen. Außerdem ist die Wirkung der Aufladung bei zunehmendem Mond stärker als bei abnehmendem Mond.

Aufladung mit einem Bergkristall

In gereinigtem Zustand ist der Bergkristall ein neutraler Edelstein. Er besitzt aktivierende und verstärkende Eigenschaften und wird aus diesem Grund gern zum Aufladen anderer Heilsteine verwendet. Diese übernehmen seine Reinheit und verstärken dadurch ihre eigene Heilkraft. Der Bergkristall ist – wie sein energetisches Gegenteil, der Amethyst – ein Quarzkristall. Seine Wärmeleitfähigkeit wird zur Spitze des Kristalls hin größer und nimmt nach Außen hin ab. So ist es möglich, dass Wärme von Außen gezielt an den Spitzen abgegeben wird.

Der Bergkristall besitzt die Fähigkeit, die Wirkung anderer Heilsteine zu verstärken. Er gibt seine klaren Informationen an den jeweiligen Edelstein ab und aktiviert gleichzeitig dessen Eigenschaften.

Der Heilstein kann für die Aufladung direkt auf einen Bergkristall-Rohstein oder aber in eine Schale mit Bergkristall-Trommelsteinen gelegt werden. Erstere Variante sollte vorgezogen werden, denn die Wirkung von Rohsteinen ist generell stärker. Der Heilstein ist nach einer Zeit von einer Nacht vollständig aufgeladen und kann dann direkt genutzt werden.

7. Formen von Heilsteinen

Die Wirkung eines Heilsteins wird stark von seiner Form beeinflusst. Es gilt die allgemeine Empfehlung, Heilsteine in Form von Rohsteinen zu nutzen, denn diese geben die ursprüngliche Kraft eines Steins am stärksten wieder. Aber auch bereits bearbeitete Trommelsteine und Handschmeichler weisen eine gute, wenn auch abgeschwächte Wirkung auf. Wichtig bei bearbeiteten Steinen ist jedoch vor dem Gebrauch eine gründliche energetische Reinigung.

7.1 Rohsteine

Bei Rohsteinen handelt es sich um Edelsteine, die nach der Gewinnung kaum noch weiter behandelt werden. An ihnen finden sich Ecken und Kanten, teilweise sind sie noch in ihrem Muttergestein eingeschlossen.

Meist kommen Rohsteine in ihrer unbearbeiteten Form als kraftvolles Dekorationsmittel in Zimmerbrunnen zum Einsatz oder werden einfach im Raum aufgestellt. So tragen sie hervorragend zu einer positiven Energetisierung des jeweiligen Raums bei. Für das Tragen oder Auflegen sind Rohsteine nicht geeignet, da die Ecken und Kanten teilweise sehr scharf sind und Verletzungen verursachen können.

7.2 Trommelsteine

Ein langwieriger Bearbeitungsprozess macht aus einem unbehandelten Rohsteinen einen Trommelstein. Die Rohsteine werden dazu in eine mit einem Politurmittel und Wasser gefüllte Trommel gegeben und einige Tage oder mitunter auch einige Wochen darin solange bewegt, bis Ecken und Kanten abgeschliffen sind. Dadurch wird die Oberfläche der Edelsteine glatt, Farbe sowie Farbintensität und auch vorhandene Muster variieren dabei von Stein zu Stein.

Zum Einsatz kommen Trommelsteine beispielsweise bei der Energiearbeit, wo sie als dekorative Elemente die Raumenergie verbessern. Alternativ können sie natürlich auch zum Auflegen auf die Chakren des Körpers genutzt werden. Durch die Schwingungsfrequenz können sie das entsprechende Chakra in Schwingung versetzen, wodurch es aktiviert und geöffnet wird.

7.3 Handschmeichler

Bei Handschmeichlern handelt es sich eigentlich um keine spezielle Steinform. Vielmehr sind es Trommelsteine, die sich bequem in die Hand nehmen lassen. Die Oberfläche ist glatt und die Form so, dass sie sich sanft an die Hand schmiegen.

Handschmeichler dienen der Entspannung und sind vor allem für Situationen geeignet, die zu Aufregung führen. Aber auch bei Langeweile können sie zur Beschäftigung genutzt werden.

7.4 Talismann

Edelsteine werden sehr oft als Talisman eingesetzt. Die Anwendung der Steine kann sehr unterschiedlich erfolgen: Entweder direkt auf der Haut oder aber in der Kleidung getragen, aber auch im Haus aufgestellt.

Einem Talisman wird nachgesagt, er hätte eine glücksbringende Wirkung. Diese zeigt sich nicht nur in einzelnen Situationen, sondern besteht dauerhaft auch über einen längeren Zeitraum. Seit Jahrhunderten sind Talismane in den unterschiedlichsten Kulturen weltweit von Bedeutung. So findet sich beispielsweise in der germanischen Mythologie in der „Weilandsage“ einer der bekanntesten Talisman-Steine: Ein Siegelstein, der dem zauberkräftigen Siegelring des Königs Salomo gleicht.

7.5 Amulett

Geschliffene und verarbeitete Edelsteine werden oft als Amulett genutzt. Sie finden sich als Anhänger an Ketten und weisen oft den so genannten Cabochon-Schliff auf. Es handelt sich dabei um eine runde oder ovale Schliffform, die Steine sind unfacettiert.

Aus Bernstein besteht eines der ältesten bekannten Edelsteinamulette. Es hat ein Alter von etwa 30.000 Jahren und besteht aus baltischem Bernstein. Gefunden wurde es in England und hat damit eine weite Reise hinter sich gebracht. Das zeigt wiederum, wie wertvoll die Edelsteine schon immer waren. Das Amulett soll glücksbringende und auch schützende Eigenschaften besitzen.

Schon seit der Frühzeit der Menschheitsgeschichte besteht der Glaube an die Kraft von Amuletten. Seinerzeit banden sich Jäger die Zähne und Krallen ihrer Beute als Schmuck um und wollten sich so die Kraft des erlegten Tieres zu Eigen machen. In der heutigen Zeit zeigen sich Amulette in verschiedenen Symbolen wie christlichen Kreuzen oder auch die schützende Hand der Fatima (Islam) sowie dem Mojo (USA). Die Symbole werden dabei aus Edelsteinen gefertigt, aber auch Trommelsteine sowie Steinscheiben können als Amulett getragen werden. Gerade diese Form des Tragens von Edelsteinen stellt eine leicht umsetzbare Art und Weise der Energie dar, welche sich an die individuellen Anforderungen des Nutzers anpassen lässt.

8. Wissenswertes: So entstehen Edelsteine

Schon beim Thema „Wirkung“ stellte sich heraus, dass Edelsteine auf sehr unterschiedliche Weise entstehen können.

Grundsätzlich lässt sich sagen, dass sie sich in einem regelmäßigen Kreislauf aus Entstehung, Veränderung, Verfall sowie Erneuerung befinden. Schon lange vor allen anderen Lebewesen waren die aus den Tiefen der Erde stammenden Steine auf der Erde zu finden.

Steine unterliegen dabei aufgrund der äußeren Einflüsse ständigen Veränderungen. So können sie verwittern, bis sie wieder in die Erdtiefen gelangen. Hier beginnt dann der Kreislauf von vorn.

Mit der verbreiteten Bezeichnung „Schmuckstein“ wird vor allem die Schönheit der glänzenden und auch farbintensiven Steine beschrieben, welche vorrangig für die Schmuckherstellung zum Einsatz kommen. Derartig schön schillernde Steine wurden bereits in der Altsteinzeit verarbeitet und waren auch in der Antike begehrt. Auch die Bezeichnung „Kristall“ stammt aus dieser Zeit und ist an das griechische Wort für „Eis“ angelehnt. Die antiken Griechen glaubten, dass das weit verbreitete klare Quarz-Kristall Wasser sei, das so stark gefroren war, dass es nicht mehr auftauen konnte. Mit dem Begriff „Edelsteine“ werden wiederum verschiedenste Gesteine, Minerale und Glasschmelzen zusammengefasst.

8.1 Entstehung durch Naturgewalten

In der Regel unterscheiden sich Gesteine vor allem durch ihre Ausgangsmaterialien sowie der Art der Entstehung nach. So genannte magmatische Gesteine entstehen, wenn Magma aus dem Erdinneren erkaltet und auskristallisiert.

Es bilden sich dabei Erstarrungsgesteine, welche sowohl ober- als auch unterirdisch entstehen können. Tiefengesteine wie Granit sowie Ergussgesteine wie Andesit sind bekannte Vertreter aus dieser Reihe.

Eine weitere Form sind die Umwandlungsgesteine. Dabei kommt es unter hohem Druck oder auch unter hohen Temperaturen zu einer Umwandlung in der Zusammensetzung. Quarzit entsteht auf diese Weise.

Doch auch unter Sedimentgesteinen sind Edelsteine zu finden. Dann entstehen sie beispielsweise durch die Verdampfung von Wasser und die Ausscheidung von gelösten Stoffen oder aber als Produkt der Verwitterung (z. B. Tillit, der aus Gletscherablagerungen besteht).

8.2 Mineralien aus der Natur

Bei Mineralien handelt es sich um Substanzen, die in der Natur frei vorkommen. Meist weisen sie eine kristalline Struktur auf. Diese Kristalle bilden sich durch Kristallisation oder auch so genannte Gesteinsmetamorphosen. So können sie durch Schmelzvorgänge bei Vulkanausbrüchen entstehen. Ursprung der Kristallisation sind Atome und Ionen, welche sich aneinander lagern. Sobald sich ausreichend Atome und Ionen miteinander verbunden haben, kommt es zu einem Überschreiten des Keimradius. Das Kristallwachstum beginnt. Die Biomineralisation ist ein Sonderfall, bei dem es zur Entstehung von natürlichen Kristallen kommt. Hier bilden sich aus Organismen Mineralien, Basis sind beispielsweise Algen und mikroskopische Lebewesen sowie Muschel- oder auch Schneckenschalen.

Eine Unterscheidung der Mineralien in ihrem Aussehen erfolgt später unabhängig von der Art der Entstehung durch die verschiedenen Farben, die Form der Kristalle sowie die Art von Glanz und Transparenz. Um eine genaue Bestimmung vornehmen zu können, spielen auch einige mechanische Eigenschaften wie Härte, Dichte sowie das Bruchverhalten eine wichtige Rolle.

Als sehr selten gelten vor allem transparente Mineralien mit einem bestimmten Härtegrad. Dazu gehören beispielsweise die Edelsteine Smaragd, Diamant oder auch Rubin. Alle anderen Steine gelten als Schmucksteine, werden aber in der modernen Steinheilkunde gleichwertig verwendet, denn in ihren qualitativen Eigenschaften lassen sich sie mit den Edelsteinen gleichsetzen. Allerdings kommen sie deutlich häufiger vor und besitzen einen anderen Härtegrad. Amethyst, Lapislazuli sowie Rosenquarz werden in diese Kategorie eingeordnet. Seit vielen Jahrhunderten kommen diese Schmucksteine zur Anwendung, da sie auch mit recht sanften Methoden (z. B. Sandschleifen) bearbeitet werden können.

8.3 Organische Steine

Auch aus organischen Materialien können kraftvolle Edelsteine entstehen. Harze oder auch abgekühlte Lava, die Millionen von Jahren alt ist, sind typische Beispiele dafür. Bezeichnet werden diese als Gläser, sie entstehen durch die Schmelze von organischen Materialien. Als typische und sehr bekannte und gern verwendete Gläser gelten unter anderem Bernstein und auch Obsidian (auch als Apachenträne bekannt). Letzterer soll sich an den Todesstellen amerikanischer Ureinwohner finden lassen und entsteht als natürliches, vulkanisches Gesteinsgas. Dafür sind bei der raschen Abkühlung von Lava bestimmte Bedingungen notwendig. Bernstein ist ebenfalls sehr bekannt und das Harz von Bäumen, dass im Laufe der Jahrmillionen ausgehärtet ist.

9. Die bekanntesten Heilsteine von A bis Z

Die moderne Steinheilkunde setzt bestimmte Edelsteine aufgrund der traditionell überlieferten Wirkungsweisen verstärkt bei der Energiearbeit ein.

Der Achat

Der vielseitige Achat kommt in Farben wie Rot, Grün oder auch Blau daher und wird bevorzugt bei der Bewältigung bestimmter traumatischer Erlebnisse genutzt, um dann zu innerer Ruhe zu verhelfen.

Der Amethyst

Amethyst weist unterschiedliche Töne der Farbe Violett auf und ist bekannt dafür, den Geist zu klären und die Konzentration zu stärken. Er kann zudem bei der Verarbeitung bestimmter Lebenserfahrungen ein wichtiger Helfer sein. Er soll außerdem bei Prüfungsangst und Lernschwäche wirken und Beschwerden der Haut, der Atemwege sowie der Verdauung lindern können.

Der Amazonit

Der grüne bis blaugrüne Amazonit soll die kreative Ausdruckskraft sowie das Selbstbewusstsein fördern können. Auch zur Beruhigung der Nerven und zum Ausgleich von Stimmungsschwankungen ist er geeignet, er kann außerdem einen guten Schlaf fördern.

Der Aquamarin

Der Aquamarin galt als Stein der Seefahrer. Sie trugen ihn, um sich damit vor Unglück und auch Seekrankheit zu schützen. Traditionell kommt Aquamarin immer dann zum Einsatz, wenn der Blick für die Zukunft geschärft werden muss. Er verschafft Mut und Glück und sorgt für Gleichgewicht und Harmonie im Leben. Unter Hildegard von Bingen galt der Aquamarin als Stein der Keuschheit. Aquamarin zeigt eine sanfte hellblaue bis blaugrüne Farbe, aber auch petrolfarbene Steine kommen immer wieder vor.

Der Aventurin

Der grüne Aventurin als Varietät des Quarzes war schon bei den alten Griechen ein Stein für Mut und Optimismus. Er soll Entspannung und Erholung schaffen und die Einstellung zum Leben verbessern. Er kann inneres Gleichgewicht schenken, die Selbstbestimmung fördern und auch von Sorgen und Ängsten befreien. Träume regt er an, auch Humor und Heiterkeit kann er bescheren. Zur körperlichen Unterstützung kommt er unter anderem bei rheumatischen Beschwerden, Hautausschlägen oder auch Sonnenbrand in der modernen Steinheilkunde zum Einsatz.

Der Bergkristall

In der Steinheilkunde gilt der Bergkristall als einer der wichtigsten Edelsteine. Der weißliche, transparente Kristall trägt dazu bei, die Achtsamkeit zu fördern und bringt außerdem Klarheit. Er trägt dazu bei, Spannungen und auch Blockaden zu lösen. Da er Informationen übertragen kann, nimmt er auch bei der Energiearbeit eine wichtige Rolle ein. Auf körperlicher Ebene kann der Bergkristall Fieber, Übelkeit und Durchfall sowie andere Verdauungsbeschwerden lindern.

Der Bernstein

Die Farbpalette des Bernsteins reicht von fast transparentem Zitronengeld bis zu einem dunklen Rotbraun. Mit dem Bernstein lassen sich gestresste Nerven besser entspannen, zudem bringt er Freude zurück. Der Stein aus fossilem Pinienharz steht für Liebe und Stärke. Bernstein hilft zudem gegen Fieber, Funktionsstörungen der Blase sowie Magenbeschwerden. Er kann auch bei Problemen mit Leber und Nieren zum Einsatz kommen.

Der Calcit

Der Calcit ist vornehmlich Weiß und transparent, kann aber je nach Varietät auch andere Farben aufweisen. Eigentlich handelt es sich dabei um Kalk mit einem sehr hohen Gehalt an Kalzium, weshalb er auch als „Beinbruchstein" bekannt ist, denn er soll eine positive Wirkung auf die Knochen haben. Auch den Stoffwechsel soll er anregen können, zudem das Wachstum fördern und das Immunsystem stärken. Durch den Kalziumgehalt hat er nicht nur Einfluss auf die Knochen, sondern auch auf die Zähne. Auf seelischer und geistiger Ebene kann er das Gedächtnis stärken, die geistige Entwicklung fördern und die Kreativität verbessern. Er soll sich außerdem positiv auf das Denkvermögen auswirken können, wodurch das Selbstbewusstsein erhöht wird. Zudem verleiht er Tatkraft und Standhaftigkeit.

Der Chalcedon

Namensgeber des Chalcedon ist die antike griechische Stadt Chalkedon. Chalcedon kommt in fast jeder Farbe vor und kann dazu beitragen, die emotionale Stabilität zu unterstützen. Die Ureinwohner von Amerika sahen den Edelstein als heiligen Stein an und verwendeten ihn bei verschiedensten Stammesritualen. Chalcedon schafft auch mehre Ruhe und innere Ausgeglichenheit, kann die Rhetorik stärken und Hemmungen lösen. Zudem soll er Schlafstörungen mildern können.

Der Diamant

Schon in der Antike galt der Diamant unter den Edelsteinen als etwas ganz besonderes, denn er war nicht nur schön, sondern auch sehr hart. So soll – wie der Volksglaube berichtet – die Stärke des Diamanten auf seinen Träger übergehen. Dadurch kann er einen unbezwingbaren Willen erreichen oder aber Einsicht entwickeln. Er schenkt weiterhin Selbstbewusstsein sowie Treue. Auch in der Energiearbeit kommt der Diamant zum Einsatz, hier spielt er für alle Chakren eine Rolle. Auf körperlicher Ebene soll er dabei verhelfen können, auch nach schweren Erkrankungen schnell wieder auf die Beine zu kommen.

Der Dumortierit

Seinem Träger schenkt der blaue bis violette Dumortierit Zuversicht und eine positive Einstellung zum Leben. Er kann auch bei Stress, Depressionen, Nervosität und Angst helfen. Zudem wirkt er sich positiv bei Ängsten sowie in Stresssituationen aus. Auch in der Energiearbeit kommt er zum Einsatz, hier vor allem auf dem Halschakra.

Der Eisenkiesel

Der rote, rotbraune oder auch braune Eisenkiesel ist eine Quarzvarietät, die für Kreativität steht. Er kann den Energiefluss anregen, die Tatkraft stärken und Mut sowie Freude schenken. Seinen Träger unterstützt er dabei, gesetzte Ziele zu beenden, auch wenn sie noch so verzwickt erscheinen mögen. Er macht wach und sorgt für einen beweglichen Geist. Eisenkiesel kann zu mehr Optimismus und Entschlossenheit beitragen und ein pragmatisches aber beherztes Handeln fördern. Auf körperliche Ebene kann er sich positive auf Kreislauf und Durchblutung auswirken.

Der Fluorit

In seiner reinsten Form ist der Fluorit fast farblos, durch verschiedene Beimischungen kommt er aber auch in unterschiedlichen Farben vor. Ein Kristall in violetter Farbe ist sehr gut für die Energiearbeit geeignet und fördert die Konzentration des Anwenders.

Gold

Gold begeistert den Menschen durch seinen warmen Glanz seit Jahrtausenden. Die Heilkunde nutzt das Edelmetall zur Stärkung der Gesundheit und gegen Depressionen. Zum Einsatz kommt es außerdem bei mangelndem Selbstbewusstsein. Zudem soll Gold zur Steigerung der sexuellen Lust beitragen können und mehr Umgänglichkeit bringen.

Der Granat

In vielen farblichen Varietäten gibt es den Granat, der vor allem aufgrund seiner vielen Rottöne bekannt ist. Der Granat wurde früher unter Freunden verschenkt, um sich die gegenseitige Zuneigung zu zeigen und sich zu versprechen, dass es ein Wiedersehen geben wird. Er gilt als Schutzstein und soll Stärke schenken können. Hildegard von Bingen nutzte den Granat zur Stärkung des Herzens, in der heutigen Zeit kommt er auch gern bei Kopfschmerzen zum Einsatz. Außerdem soll er positiv auf die Knochen sowie das Sexualleben wirken können.

Der Heliotrop

Dem Heliotrop mit seinem interessanten Farbenspiel wird nachgesagt, er habe eine harmonisierende und beruhigende Wirkung. Er schenkt Energie und Ausgeglichenheit und wird mit Vitalität in Verbindung gebracht. Weiterhin kann er ein jüngeres und schwungvolleres Auftreten bewirken sowie vor Albträumen schützen.

Der Hämatit

In seiner Farbe variiert der aus Eisenoxid bestehende Hämatit zwischen einem dunklen Grau und Schwarz. Es sind aber auch Exemplare zu finden, die rötliche und bräunliche Farbnuancen aufweisen. Dem Hämatit werden heilende und auch erdende Eigenschaften nachgesagt. So soll er dabei helfen können, die Anspannungen, die das Leben mit sich bringt, loszulassen. Für den Körper wird er zur Blutbildung und auch zur Blutstillung genutzt, auch die Wundheilung soll er positiv beeinflussen können. Er stärkt außerdem die Selbständigkeit und sorgt für mehr Entspannung.

Der Jadestein

Das strahlende Grün bis hin zu einem Weiß macht den Jade vor allem im asiatischen Raum zu einem begehrten Edelstein. Als Heilstein kommt er traditionell immer dann zum Einsatz, wenn ein langes Leben unterstützt werden soll. Er verleiht zudem Stärke und gilt seit dem Altertum als Stein der Liebe. Da der Jade alle Sinne beeinflussen kann, steht er für Harmonie und Gleichgewicht und verschafft so innere Ruhe. Aber auch die geistige Beweglichkeit unterstützt er gut.

Der Jaspis

Durch verschiedenste Einschlüsse organischen Materials oder auch von Mineralien zeigt der Jaspis sehr interessante Muster und Zeichnungen. Große Beliebtheit erlangte der Edelstein im Altertum, wo er unter anderem als Schutzstein zum Einsatz kam. In der Energiearbeit wird der Jaspis verwendet, um alle Chakren auszugleichen. Der Jaspis beschert zudem Ruhe und Willenskraft, kann das Gedächtnis auf Vordermann bringen und schenkt Energie für die Meisterung des Alltags.

Der Karneol

Der Karneol zeigt Farben zwischen Orange und Braun und ist eine Variation des Chalcedons. Zum Einsatz kommt er, wenn Mut und Tatkraft gefördert werden sollen. Zudem schenkt der Karneol Freude am Leben. Er verhilft außerdem zu einem lösungsorientierten Denken und kann den Idealismus seines Trägers fördern.

Der Larimar

Der Larimar zeigt ein lichtes Blau, dass an den Ozean und die seichten Lagunen der Südsee erinnert. Er steht für inneren Frieden und kommt immer dann zur Anwendung, wenn Dinge mit einem anderen Blick betrachtet werden müssen.

Der Lapislazuli

Das Erkennungszeichen des Lapislazuli ist ein sehr intensives Blau. Die alten Ägypter zerrieben den Stein und nutzen das Pulver als Lidschatten, im antiken Rom war der Edelstein als Aphrodisiakum sehr begehrt. Eingesetzt wird er in der modernen Steinheilkunde bei Schlaflosigkeit, zudem kann er Kreativität fördern. Ängste, Blockaden und Depressionen soll der Lapislazuli beseitigen können, die Kritikfähigkeit seines Trägers verbessert er.

Der Larimar

Himmelblau ist er, der Larimar, der eine Varietät des blau-weißen Pektoliths darstellt. Der Larimar kann den geistigen Horizont erweitern und dadurch neue Sichtweisen ermöglichen. So lassen sich eingeschränkte oder festgefahrene Denkmuster auflösen, das Leben kann neu gestaltet werden. Er regt dabei zur Selbstverwirklichung an, schenkt gleichzeitig innere Ruhe und kann als Schutzstein gegen negative Energien genutzt werden. Auf körperlicher Ebene kann er die Knochen stärken.

Der Magnetit

Der Magnetit ist von schwarzer Farbe und ein stark magnetisches Mineral. Hildegard von Bingen setzte ihn gegen Wahnsinn, Bosheit und Lügen ein. Magnetit soll dabei helfen können, Wichtiges von Unwichtigem zu trennen und klare Prioritäten setzen zu können. Blockaden aufgrund von Widersprüchen sollen sich dadurch lösen lassen, was wiederum zu mehr Harmonie und Zufriedenheit führen kann. Außerdem kann er die Reaktionsfähigkeit erhöhen. Der Magnetit soll das Hunger- und Durstgefühl beeinflussen können, wodurch sich auch der Blutzuckerspiegel regulieren lässt. Zudem kommt er in der modernen Steinheilkunde bei Verspannungen, Gelenkerkrankungen oder auch Knochenbrüchen zum Einsatz.

Der Moldavit

Beim Moldavit handelt es sich um ein natürliches Glas, welches grüne und braune Farbtöne aufweist. Moldavit schenkt seinem Träger Frohsinn und Lebenskraft, er öffnet den Geist und fördert die Selbsterkenntnis. Starrsinn, Gier oder Materialismus werden vermindert, dafür steigert er den Einfallsreichtum und hilft bei der Lösungsfindung. Außerdem kann er zu einer Erhöhung erhöht des Einfühlungsvermögens beitragen, die Erinnerungsfähigkeit stärken und Träume fördern. Aggressivität kann mit dem Moldavit verloren gehen.

Der Mondstein

Der Mondstein kommt in verschiedenen irisierenden Pastelltönen vor und soll den antiken Römern zufolge aus dem Licht des Mondes geformt worden sein. Der Volksglaube besagt, der Mondsteine bringe Glück und sei ein Schutzstein für Kinder und Frauen. Als Stein, der aus dem Mondlicht geformt sein soll, wird er oft gegen Schlafwandlerei eingesetzt. Gefühle kann er zudem intensivieren und neben Lebenskraft auch Heiterkeit und Ausgeglichenheit schenken, während er gleichzeitig Ängste vertreiben soll.

Moqui-Marbles

Aus dem Reservat der amerikanischen Ureinwohner, der Moqui, stammen die runden Moqui-Marbles, die aus oxidischen Eisenverbindungen bestehen. Den Überlieferungen zufolge erfolgt bei diesen Steinen eine Einteilung in männliche und weibliche Steine. Sie sollen als Schutzsteine vor dem Bösen zum Einsatz kommen. Weiterhin soll Moqui-Marbles die Willenskraft und auch das Durchsetzungsvermögen seines Trägers stärken und die Entschlossenheit fördern können.

Der Obsidian

Der schwarze Obsidian ist ein Vulkanglas. Er entsteht, sobald heiße Lava auf Wasser trifft und dabei schnell abkühlt. Die Steinheilkunde verwendet den Obsidian zur Lösung von Blockaden. Auch Schockzustände und andere Traumata soll er bekämpfen können. Er trägt auch dazu bei, aus Erfahrungen zu lernen und bislang ungenutzte Fähigkeiten zu erkennen.

Der Onyx

Beim Onyx handelt es sich um einen schwarzen Edelstein, der in seltenen Fällen auch helle Bänder oder aber einen bräunlichen Grundton aufweist. In Verbindung steht er mit der Intuition. Er verhilft zu mehr Stabilität im Leben und kann die Lebensfreude positiv beeinflussen. Die moderne Steinheilkunde setzt ihn auf körperlicher Ebene außerdem bei Problemen mit Augen, Magen, Milz und Herz ein. Er soll zudem die Widerstandskraft erhöhen können und innere Harmonie verleihen.

Der Opal

Der Opal kommt in sehr verschiedenen Farben und Zeichnungen vor und steht eng im Zusammenhang mit innerer Schönheit und Treue. Als Heilstein kann er dabei hilfreich sein, sich an vergangene Leben zu erinnern. Er festigt die Meinung seines Trägers und soll auch Depressionen lindern können. Körperlich soll der Opal das Herz stärken.

Der Peridot

Der in einem hellen Olivgrün strahlende Peridot soll einer der Lieblingssteine von Ägyptens Königin Cleopatra gewesen sein. Er soll als Heilstein Glück bringen können und als Schutzstein dienen können. Weiterhin wird dem Peridot nachgesagt, er können die Nerven beruhigen und Depressionen lindern. Außerdem soll er seinem Träger Hoffnung bescheren und stärkend auf das innere Gleichgewicht wirken können. Dadurch können Wut, Ärger und seelischer Schmerz besser verblassen.

Die Perle

Die Perle wird zu den organischen Steinen gezählt. Von Austern gebildet erscheint sie in verschiedenen Farbtönen. In China wird über Perlen gesagt, dass sie bei Drachenkämpfen zu Boden fallen. Perlen gelten als Schutzsteine für Kinder und tragen dazu bei, Weisheit durch Erfahrung zu erlangen. Perlen werden auch als Heilmittel gegen Melancholie angesehen und sollen auf ihren Träger eine aphrodisierende Wirkung haben. In der Steinheilkunde kommen sie auch bei Fieber sowie Kopfschmerzen und psychischen Schmerzen zum Einsatz.

Der Pyrit

Der Pyrit strahlt Geld und gilt als Heilstein für Selbsterkenntnis, mit der es dem Träger leichter gelingt, eigene Schwächen zu erkennen oder auch unterdrückte Erinnerungen aufzudecken. So können vorhandenen Blockaden oder Ängste gelöst werden, Depressionen lassen sich möglicherweise lindern. Auch Auswirkungen wie innere Unruhe, Nervosität oder Stress können sich mit ihm verringern lassen. Sein Träger wird zuversichtlicher und mutiger und vermag es dadurch, seinem Leben eine Wende zu geben. Auf körperlicher Ebene gehören zu den klassischen Anwendungsgebieten des Pyrit Verdauungsprobleme sowie Beschwerden im Brustraum.

Quarz

Beim Begriff Quarz handelt es sich nicht nur um ein Gestein, sondern um eine Vielzahl von Kristallen. Quarze sind die bekanntesten und auch bewährtesten Heilsteine und haben je nach Varietät auch unterschiedliche Verwendungsmöglichkeiten. Körperlich kann er bei der Linderung von Kopfschmerzen und Entzündungen helfen, soll die Durchblutung des gesamten Körpers stärken und Leber und Nieren reinigen können und zudem Energie verleihen.

Der Rhodochrosit

Der Rhodochrosit ist rosafarben und wird auch als „Inkarose“ bezeichnet. Der Volksglaube besagt, dass Rhodochrosit die Liebe zu seinem Anwender bringen kann. Zudem soll er Stress mindern können und wird von vielen Heilern auch zur Reinigung der Aura genutzt. Rhodochrosit steht für Harmonie und Kreativität und soll Ängste und seelische Lasten von seinem Träger nehmen können, wodurch dieser aktiver wird. Er soll zudem den Drang nach Liebe und mehr Offenheit fördern können.

Der Rhodonit

Ähnlich wie der Rhodochrosit, ist auch der Rhodonit rosafarben, allerdings besitzen immer wieder einige Exemplare ein dunkles Muster. Rhodonit soll ein Schutzstein für Reisende sein und kommt traditionell auch dann zum Einsatz, wenn es darum geht, Veränderungen im Leben anzunehmen und dadurch neue Wege zu gehen. Geistige Blockaden können sich mit dem Rhodonit auflösen, somit ist er ein guter Stein gegen Prüfungsangst. Auch Schicksalsschläge lassen sich besser bewältigen, denn die geistige Kontrolle soll er bewahren und gleichzeitig Optimismus bringen können.

Der Rosenquarz

Seinen Namen verdankt Rosenquarz seinem Äußeren: Die rötliche Farbgebung erinnert an Rosenblüten. Rosenquarz gilt als Kristall für romantische Sehnsüchte und soll bei Beziehungsängsten hilfreich sein. Auch eine beruhigende Wirkung wird dem Rosenquarz nachgesagt. Rosenquarz wird nachgesagt, er könne gegen Schmerzen und auch seelische Wunden helfen und zudem mehr Aufgeschlossenheit schenken.

Der Rubin

Der Rubin, der auch als Karfunkel bekannt ist und eine blutrote Farbe hat, wird auch als Glücksstein bezeichnet. Zum Einsatz kommt er für die Liebe, er kann Hingabe schenken und durch die kraftvolle Farbe auch eine anheizende Wirkung auf die Vitalität haben. Hildegard von Bingen setzte den Rubin gegen Kopfschmerzen und Fieber ein. Er soll außerdem Lebenskraft schenken können, für mehr Sensibilität sorgen und auch beim Ausleben der eigenen Wünsche helfen können.

Der Saphir

Saphir kann sehr viele Farben aufweisen, doch als blauer Stein kommt er am häufigsten vor. In der Energiearbeit kann er über dem Dritten Auge den Weg zur spirituellen Erleuchtung ebnen. Saphire kommen zum Einsatz, wenn es darum geht, inneren Frieden zu finden. Die moderne Steinheilkunde setzt den Saphir gern zur Stärkung der Nerven ein, denn er soll das Gemüt beruhigen können. Außerdem soll sich die geistige Klarheit verstärken lassen, was zu einer Linderung von Ängsten führt.

Silber

Neben Gold gilt auch Silber schon seit der Antike als sehr begehrtes Edelmetall. Silber soll die Empathie stärken können und so eine innere Harmonie herbeiführen. Zudem ist es gut für die Kombination mit anderen Edelsteinen geeignet. Silber besitzt generell eine antibakterielle Wirkung, die mittlerweile auch durch wissenschaftliche Untersuchungen belegt ist. Deshalb kommt Silber auch in der Schulmedizin zum Einsatz. Als Heilstein soll das Edelmetall beruhigend wirken und die Fantasie anregen.

Der Smaragd

Der Smaragd in seinem wundervollen Grün gilt seit vielen Jahrhunderten als sehr begehrter Schmuckstein und kommt beispielsweise in

Amuletten zum Einsatz. Der Volksglaube besagt, der Edelstein könne das Erinnerungsvermögen positive beeinflussen und soll in der Energiearbeit zur Klärung der Seele hilfreich sein. Auf körperlicher Ebene kann der Smaragd sich positiv auf die Augen auswirken und Jugend und Schönheit unterstützen. Das seelische Gleichgewicht lässt sich mit ihm ins Lot bringen und Traumate lassen sich besser verarbeiten.

Der Sodalith

Sodalith hat ein dunkelblaues Erscheinungsbild mit schwarzem Muster. Als Heilstein kann er dazu beitragen, bestimmte Dinge mit einer klaren Sicht zu betrachten. Dadurch lassen sich möglicherweise bestimmte Angewohnheiten verändern. Ihm wird zudem eine ausgleichende und harmonisierende Wirkung nachgesagt. Sodalith soll auf körperlicher Ebene gegen Bluthochdruck helfen und den Blutzucker regulieren können. Ihm wird eine entgiftende Wirkung nachgesagt. Außerdem schärft er die Wahrnehmung, fördert die Konzentration sorgt für Ehrlichkeit.

Der Sugilith

Die Grundfarbe des Sugilith ist Violett, allerdings kann er rötliche und auch dunklere Muster aufweisen. Sugilith kommt in der Steinheilkunde immer dann zum Einsatz, wenn Ängste gelöst werden müssen. Außerdem gilt er als guter Begleiter zur Überwindung von Krankheiten. Sugilith hat eine positive Wirkung auf die Nerven und stärkt das Selbstvertrauen. Hellseherische Fähigkeiten können sich mit ihm unterstützen lassen, zudem soll er zur Linderung von Zahnschmerzen beitragen können.

Das Tigerauge

Der Name Tigerauge ist an das Äußere angelehnt, dass an ein Katzenauge erinnert. Mit einem Tigerauge lässt sich die eigene Spiritualität besser leben. Auch wird dem Edelstein nachgesagt, er könne sich positiv auf die Karriere seines Trägers auswirken. Auch Belastungen und Stress soll er abwenden können, ebenso wie Ängste und Depressionen. Das Tigerauge soll zudem eine Stärkung der Konzentration bewirken und Stimmungsschwankungen ausgleichen können.

Der Topas

Der Topas erscheint in sehr vielen Farben, bekannt sind vor allem blaue Töne. Im Mittelalter galt der Topas als Schutzstein, im antiken Griechenland sah man in ihm einen Vermittler von Stärke und die alten Ägypter nutzen ihn zum Schutz vor Verletzungen und verehrten ihn als Fruchtbarkeitsstein. Topas steht für Kraft und Stärke und kann die geistige Entwicklung fördern. Schwierige Probleme sollen sich mit ihm besser lösen lassen.

Der Turmalin

Turmaline kommen in sehr unterschiedlichen Farben vor, auch ein Stein kann mehrere Farben aufweisen. Der Stein soll gleichermaßen Geist und Körper stärken können und gilt bei Künstlern und Autoren als sehr beliebter Talisman. Der Turmalin wird gern bei der Behandlung von Narben eingesetzt, die mit ihm schneller verblassen sollen. Er soll aufbauend wirken und zudem die Konzentration fördern können.

Der Türkis

Der Türkis zeigt sehr viele verschiedene Blautöne und ist bei den Ureinwohnern von Amerika ein heiliger Stein. Die Medizinmänner nutzten ihn zur Heilung. Zudem wird dem Türkis eine entspannende Wirkung nachgesagt, er kann seelische Angespanntheit lösen. Gegen Depressionen soll der Türkis sehr gut wirken können. Durch ihn erhält sein Träger Kraft und kann sich von Anstrengungen besser erholen. Auch auf die Gemütslage kann er sich positiv auswirken und mehr Lebenskraft schenken.

Versteinertes Holz

Versteinertes Holz ist klassicherweise Beige bis Braun oder auch Graubraun und stammt von den Mammuntbäumen aus Arizona (USA). Seinem Träger soll versteinertes Holz Ausgeglichenheit und Ruhe verleihen können. In Form von großen Holzscheiben, die in der Wohnung zur Dekoration aufgestellt werden können, kann es auch Harmonie und ein Gefühl der Zusammengehörigkeit vermitteln. Menschen, die zu Überreaktionen und Wutanfällen neigen, können durch versteinertes Holz besänftigt werden. Auch lässt es die eigenen Fehler erkennen und fördert den Sinn für Bescheidenheit, für die Natur und das Schöne. Es kann die Phantasie anregen und ist hervorragend für die Meditation geeignet, wo es dem Anwender zeigt, wo sein Platz im Leben ist. Auf körperlicher Ebene kann es Knochen und Gelenke positiv beeinflussen und eine entgiftende Wirkung auf den Körper haben.

Der Zoisit

Der grüne Zoisit gilt als Stein der Fruchtbarkeit. Er soll als Heilstein auf körperliche Ebene vor allem die Geschlechtsorgane schützen können. Außerdem gilt er als guter Stein bei Problemen mit dem Herz-Kreislauf-System. Auf geistiger Ebene kann er Niedergeschlagenheit, geistige Strapazen oder auch Aggressivität mildern. Er bewahrt und erhöht den Sinn für die Realität, wodurch er seinen Träger davor schützen kann, leichtfertig unbedachte Aktionen auszuführen. Auch beschert er ihm Kreativität und hilft dabei, das eigene Leben wieder in die Hand zu nehmen und den eigenen Bedürfnissen besser zuzuhören.

www.ingramcontent.com/pod-product-compliance
Lightning Source LLC
LaVergne TN
LVHW011714230826
846091LV00015BA/4156
9781985113602